Nagarathinam Arunkumar
Chellamuthu Selvi
N. O. Gopal

Experiências com microrganismos secretores de metionina

Nagarathinam Arunkumar
Chellamuthu Selvi
N. O. Gopal

Experiências com microrganismos secretores de metionina

ScienciaScripts

Imprint

Any brand names and product names mentioned in this book are subject to trademark, brand or patent protection and are trademarks or registered trademarks of their respective holders. The use of brand names, product names, common names, trade names, product descriptions etc. even without a particular marking in this work is in no way to be construed to mean that such names may be regarded as unrestricted in respect of trademark and brand protection legislation and could thus be used by anyone.

Cover image: www.ingimage.com

This book is a translation from the original published under ISBN 978-620-2-05635-9.

Publisher:
Sciencia Scripts
is a trademark of
Dodo Books Indian Ocean Ltd. and OmniScriptum S.R.L publishing group

120 High Road, East Finchley, London, N2 9ED, United Kingdom
Str. Armeneasca 28/1, office 1, Chisinau MD-2012, Republic of Moldova, Europe
Printed at: see last page
ISBN: 978-620-7-90522-5

EXPERIÊNCIAS ABSTRACTAS
SOBRE
MICRORGANISMOS
SECRETORES DE METIONINA

Por

N. ARUN KUMAR

**Grau : DOUTOR EM FILOSOFIA EM
MICROBIOLOGIA AGRÍCOLA**

Presidente : Dr. N.O. Gopal, Ph.D.,

Professor e Diretor,

Departamento de Microbiologia Agrícola, Colégio
Agrícola e Instituto de Investigação, Madurai - 625 104.

A metionina é, para além da cisteína, um dos dois aminoácidos proteicos com enxofre e é essencial para a vida. Nos organismos, pode servir como precursor da cisteína. Devido ao enxofre, responsável pelas ligações dissulfureto, que estabilizam as estruturas terciárias das proteínas, a cisteína está presente principalmente nas proteínas estruturais, como o colagénio ou a queratina da pele, do cabelo, das penas e das unhas, respetivamente. O teor mais elevado de metionina, de cerca de 5 %, encontra-se nas albuminas, especialmente na albumina do ovo, que pertence às proteínas solúveis em água (globulinas). Esta é uma das razões para a elevada procura de metionina na criação de animais. A maioria das plantas, fungos e bactérias pode sintetizar metionina a partir de hidratos de carbono, azoto orgânico ou inorgânico e fontes de enxofre. No entanto, os animais, incluindo os seres humanos, dependem de fontes de metionina fornecidas externamente. Os microrganismos constituem uma excelente fonte para a produção natural de metionina, mas o meio de produção e os factores ambientais desempenham um papel importante no rendimento final de metionina. O presente estudo foi, portanto, realizado para isolar e selecionar microrganismos produtores de metionina eficientes e otimizar as suas condições de crescimento para aumentar a produção de aminoácidos.

Entre os 186 isolados obtidos a partir de 20 amostras diferentes, tais como coalhada, queijo, iogurte e resíduos de sagu, apenas quatro isolados, nomeadamente S1O1, S2O1, S3O1 e S6O2 de resíduos de sagu, foram capazes de segregar metionina a níveis significativos. Entre todos os isolados seleccionados, o S3O1 apresentou o rendimento máximo de metionina (1150 µg ml^{-1}) seguido pelo S2O1 (1003 µg ml^{-1}) em caldo MRS modificado após 96 h de incubação. A caraterização molecular e o agrupamento filogenético confirmaram que os isolados secretores de metionina S1O1, S2O1, S3O1 e S6O2 eram *Candida tropicalis, Kluyveromyces marxianus, Acetobacter tropicalis e Lactobacillus paracasei* subsp. *tolerans*, respetivamente. Os isolados que segregam metionina foram avaliados quanto à produção óptima de metionina a vários níveis de glucose, citrato de triamónio e variações de pH e temperatura. A glucose (20 g l^{-1}), o citrato de triamónio (4 g l^{-1}) a pH 6 e 32° C resultaram na secreção máxima de metionina em *Candida tropicalis* S1O1 (1134 µgml^{-1}), *Kluyveromyces marxianus* S2O1 (1320 µgml^{-1}), *Acetobacter tropicalis* S3O1 (1412 µgml^{-1}) e *Lactobacillus paracasei* subsp. *tolerans* S6O2 (1078 µgml^{-1}) em caldo MRS modificado. A atividade γ-hemolítica dos isolados secretores de metionina confirmou que estes organismos não eram patogénicos para o homem ou para os animais. *Acetobacter tropicalis* S3O1 exibiu uma boa atividade bacteriocina contra *Bacillus cereus* MTCC 1272 e *Staphylococcus aureus* supsp. *aureus* MTCC 1144.

RECONHECIMENTO

*Expresso a minha dívida e gratidão ao **DR. N.O. GOPAL,** Presidente do Comité Consultivo e Professor e Diretor do Departamento de Microbiologia Agrícola, Madurai, pela sua valiosa orientação, encorajamento constante e grande interesse demonstrado por mim ao longo do trabalho de investigação.*

*Os meus profundos agradecimentos ao **DR.M.SAHUL HAMEED**, Membro do Comité Consultivo e Professor, Horticultural College and Research Institute, Periyakulam, ao **DR.S.MARIAPPAN**, Membro do Comité Consultivo e Reitor, Horticultural College and Research Institute, Coimbatore, ao **DR.K.BALAKRISHNAN**, Professor e Diretor, Department of Seed Science and Technology, Madurai, pela sua preocupação e aconselhamento especializado durante o meu estudo. Os meus sinceros agradecimentos ao **Dr. M. SUNDAR,** Professor e Coordenador de PG, Departamento de Microbiologia Agrícola, que me ajudou e orientou na conclusão do meu curso.*

*Expresso os meus sinceros agradecimentos aos meus colegas **DR.M.ILLAMARAN, DR.J.PRABHARAN** e à sua família por acreditarem em mim e pelo seu constante encorajamento e apoio durante o estudo. Uma palavra de agradecimento aos meus amigos **loga, chiru, desi, bhuva, raju** e aos meus mais queridos juniores **ragavan, karthi, kp, vetri, vinu, vinoth, thirumalai, malaiarasan, siva, rajesh, krisna pradhu, prema, sivarasan, puli, sridhar, sivalingam, keerthi, ganapathy,** por terem tornado memoráveis os dois anos da minha estadia aqui.*

***Dedico de todo o coração esta tese à minha mãe N. SAROJINI e ao meu pai A. NAGARATHINAM por terem feito de mim a pessoa mais dotada do mundo com o seu amor e carinho.** Por último, agradeço ao Todo-Poderoso por me ter presenteado com os seus entes queridos, que estão sempre comigo em todos os momentos da vida e que estão por detrás dos meus esforços bem sucedidos.*

(N. ARUN KUMAR)

ÍNDICE

CAPÍTULO 1
1. INTRODUÇÃO

A metionina C5H11SNO2 (ácido alfa-L-amino-gama-metiltio-n-butírico) foi descoberta no ano de 1922 por J. Howard Mueller (Mueller, 1922) a partir de hidroxilatos de caseína, a descoberta foi efectuada através de investigação microbiana durante o seu estudo sobre as necessidades culturais de *Streptococcus*. A metionina é um aminoácido essencial da dieta α-proteica e a sua carência foi também relacionada com febre reumática infantil, paralisia muscular, queda de cabelo, depressão, esquizofrenia e deterioração hepática de Parkinson (Rose, 1938). A metionina é frequentemente um fator limitante na utilização das proteínas alimentares e, de acordo com o relatório nutricional da FAO de 1973, devem estar presentes 22 g de metionina por kg de proteína alimentar para uma síntese bem sucedida das proteínas dos tecidos.

Os aminoácidos proteicos primários são todos fabricados à escala industrial por três processos principais: extração a partir de hidrolisados proteicos, processos de fermentação (Yamada, 1972) e síntese química (kaneko *et al*, 1974). A síntese química e a extração de hidrolisados de proteínas para a produção de metionina são dispendiosas ou indesejáveis (Kumar e Gomes, 2005). A produção fermentativa de aminoácidos utilizando microrganismos baseia-se em modificações genéticas e ambientais porque a biossíntese de aminoácidos é altamente regulada (Rowbury e Woods, 1961; Herrmann e Somerville, 1983). Estas modificações quebram os controlos reguladores normais, forçando a sobreprodução e a excreção de aminoácidos (Barrett, 1985). A produção de metionina através do processo de fermentação também fornece muitos outros aminoácidos, pelo que um processo microbiano para a produção comercial de metionina é de maior interesse (Odunfa *et al.*, 2001).

Foi relatado que a metionina é produzida tanto por bactérias como por fungos em quantidades apreciáveis, mas as estirpes de tipo selvagem produzem menos metionina devido à sua via de biossíntese altamente regulada. Um mutante de *Saccharomyces cerevisiae* resistente à etionina capaz de produzir metionina foi descrito por Heiland *et al.* (1993). Culturas de *Lactobacillus* e leveduras produtoras de lisina e metionina foram isoladas de *ogi*, um alimento fermentado, por Odunfa *et al*, (2001). Foram isolados *Lactobacillus*, leveduras e outros microrganismos com elevada produção de metionina e a sua capacidade de produção foi aumentada através da modificação dos genes e também através da alteração dos seus requisitos de crescimento (Tokuyama e Hatano, 1996: Mondal *et al*, 1994). *Lactobacillus plantarum, Lactobacillus* sp., *Leuconostoc* sp., *Corynebacterium* sp. e *Bacillus* sp. capazes de segregar metionina foram também isolados de resíduos de mandioca (Anike e Okafor, 2008). Também foram registadas estirpes selvagens de *Acetobacterium woodii* e *Neurospora crassa* capazes de acumular metionina (kageyama *et al*, 1986: Metzenberg, 1964).

Assim, este programa de investigação foi concebido com os seguintes objectivos

I. Isolamento e rastreio de microrganismos produtores de metionina a partir de resíduos alimentares e agrícolas.

II. Caracterização morfológica e bioquímica de isolados secretores de metionina

III. Caracterização molecular e análise filogenética de isolados secretores de metionina

IV. Otimização das condições de fermentação para a secreção de metionina pelos isolados

CAPÍTULO 2

REVISÃO DA LITERATURA

2.1. Aminoácidos

Os aminoácidos são considerados como os blocos de construção do corpo e, por isso, constituem uma parte essencial da dieta humana. Os aminoácidos não só estão envolvidos na construção das células e na reparação dos tecidos, como também formam anticorpos para combater corpos estranhos invasores, como bactérias e vírus. Vinte e seis aminoácidos proteicos e noventa aminoácidos não proteicos ou iminoácidos foram enumerados por Greenstein e Winitz (1961). Mais tarde, entre os vinte e seis aminoácidos proteicos, seis são agora classificados como aminoácidos secundários e terciários. Dos restantes vinte aminoácidos proteicos, dezanove são α-aminoácidos, exceto a prolina, que é um α-iminoácido cíclico. Os vinte aminoácidos proteicos estão envolvidos na formação de proteínas ou de outras biomoléculas e também são oxidados em amoníaco e CO_2 e funcionam como fonte de energia.

2.1.1 Aminoácidos essenciais

Os efeitos benéficos dos aminoácidos não eram conhecidos até à descoberta do primeiro aminoácido essencial da dieta, o triptofano, que é crucial para manter o crescimento e o equilíbrio do azoto nos animais jovens e nos seres humanos. Dos vinte aminoácidos proteicos, oito aminoácidos - arginina, isoleucina, leucina, metionina, fenilalanina, treonina, lisina, triptofano, histidina e valina - estão incluídos nos aminoácidos essenciais porque o corpo humano não os consegue sintetizar ao nível necessário para um crescimento normal, pelo que têm de ser obtidos a partir dos alimentos ou de outras fontes. Os aminoácidos cisteína, taurina, tirosina, histidina e arginina são aminoácidos semi-essenciais nas crianças, porque as vias metabólicas que sintetizam estes aminoácidos não estão completamente desenvolvidas.

As quantidades necessárias dependem também da idade, saúde e necessidades nutricionais do indivíduo, pelo que é difícil fazer afirmações gerais sobre as necessidades alimentares de alguns aminoácidos (Creighton, 1993). Os aminoácidos arginina, metionina e fenilalanina são designados por essenciais, não porque estejam relacionados com a falta de síntese no organismo, mas porque são essenciais para a síntese de outros aminoácidos. O aminoácido metionina é largamente necessário para sintetizar o aminoácido cisteína, se a quantidade de cisteína for insuficiente na dieta.

2.2. Metionina

A metionina C5H11SNO2 (ácido alfa-L-amino-gama-metiltio-n-butírico) foi descoberta no ano de 1922 por J. Howard Mueller (Mueller, 1922) a partir de hidroxilatos de caseína, a descoberta foi efectuada através da investigação microbiana durante o seu estudo sobre as necessidades culturais de *Streptococcus*. O aminoácido foi sintetizado pela primeira vez por Barger e Coyne através do método de hidantoína e os mesmos cunharam o termo metionina em alusão à sua fórmula estrutural (Sahyun, 1949). A metionina apresenta-se em duas formas enantioméricas quirais, a L-metionina e a D-metionina. A L-metionina é a forma proteinogénica. Tem propriedades não polares e é, para além da cisteína, o único aminoácido com um componente de enxofre. Em condições ambientais normais, apresenta-se como um pó branco sólido. A forma bioactiva da metionina é a S-adenosil-metionina (SAM) (Kase e Nakayama 1975; Schlenk *et al.*, 1978), um

importante dador de grupos metilo nos organismos. A metionina é frequentemente um fator limitante na utilização de proteínas alimentares e, de acordo com o relatório nutricional da FAO de 1973, devem estar presentes 22 mg de metionina por kg de proteína alimentar para a síntese bem sucedida de proteínas tecidulares.

Propriedades físico-químicas do aminoácido L-metionina (Barrett, 1985)

IUPAC – IUB abbreviations	Met; M
Molecular weight	149.22
Decomposition temperature	283
Water solubility (g/100g; 25°C)	3.5
pK_{COOH}	2.28
pK_{NH3^+}	9.21
Isoelectric pH	5.74
Density (g/cm^3)	1.34
Taste in aqueous solution	bitter

2.2.1 Importância da metionina

A metionina é importante no processo de metilação, em que o metilo é adicionado aos compostos, e é um precursor do aminoácido cisteína. Ajuda na decomposição dos lípidos e, por conseguinte, evita a acumulação de gordura nas artérias, bem como auxilia o sistema digestivo e a remoção de metais pesados do organismo, uma vez que pode ser convertida em cisteína, que é um precursor do glutatião, que é de importância primordial na desintoxicação do fígado, tal como referido por Ruckert *et al.* (2003). A metionina é essencial na síntese de monohidrato, um composto extremamente necessário para a energia e a formação muscular (Sharma e Gomes, 2001).

A metionina é uma das principais fontes de enxofre no organismo e, como importante dador de metilo, ajuda a prevenir a doença do fígado gordo e a eventual cirrose através da sua capacidade de formar colina (Richmond, 1986). A metionina pode ser eficaz na redução dos efeitos nocivos do álcool, diminuindo os níveis de acetaldeído após a ingestão de álcool (Tabakoff *et al*, 1989). O aminoácido metionina é frequentemente utilizado na indústria avícola e pecuária (Tabor *et al.*, 1958; Neuvonen *et al.*, 1985; Funfstuck *et al.*, 1997). O impacto da L-metionina na nutrição animal e as consequências da sua ausência como aditivo nutritivo para a alimentação animal foram muito bem investigados. Observou-se que, no caso das aves de capoeira, a estabilidade da casca dos ovos e a produção de leite das vacas diminuem quando são fornecidos alimentos deficientes em metionina (Keshavarz *et al.*, 2003; Noftsger *et al.*, 2003).

2.2.2 Doenças por deficiência de metionina

As proteínas vegetais são, na sua maioria, deficientes em metionina. Consequentemente, a dieta vegetal pode não satisfazer as necessidades nutricionais do organismo. A deficiência de metionina está relacionada com o desenvolvimento de várias doenças e perturbações fisiológicas, incluindo toxemia, febre reumática infantil, paralisia muscular, perda de cabelo, depressão, esquizofrenia, deterioração do fígado de Parkinson e crescimento deficiente (Rose, 1938). As deficiências de metionina podem ser ultrapassadas através da suplementação da dieta com metionina e, por conseguinte, a metionina tem uma importância significativa. Em abril de 2000, o Comité de Avaliação dos Medicamentos Complementares (CMEC) recomendou que a L-metionina é adequada para utilização como ingrediente em terapêutica e não requer quaisquer restrições específicas da substância para a sua utilização, tal como referido por Parcell, (2002).

2.3. Tecnologias de produção de aminoácidos

Os aminoácidos das proteínas primárias são todos fabricados à escala industrial por três processos principais: extração a partir da hidrólise das proteínas, processos de fermentação e síntese química (Yamada, 1982).

2.3.1 Produção de metionina por síntese química

A metionina é produzida na indústria quer por síntese química quer por hidrólise de proteínas. Ambos os processos são muito dispendiosos. A síntese química produz uma mistura que contém D- e L- metionina, da qual apenas a forma L é utilizada pelos seres humanos (Mannsfeld *et al.*, 1978; Leuchtenberg, 1996). O processo de hidrólise das proteínas dá origem a uma mistura complexa da qual a metionina é separada. Esta mistura de metionina, que é sintetizada quimicamente, resulta em isómeros que são depois resolvidos utilizando biorreactores de fluxo contínuo com enzimas fúngicas aminoacilases (Tosa *et al.*, 1967). A produção química de metionina é um processo prejudicial e desfavorável, uma vez que requer a utilização de produtos químicos perigosos, como o metil mercaptano, o amoníaco, a acroleína e o cianeto, tal como referido por Fong *et al.* (1981).

2.3.2 Produção de metionina por síntese enzimática

A metionina é sintetizada por síntese enzimática (bioconversão de precursores). Para fins farmacêuticos, um processo industrial importante para obter metionina é a acilação da DL-metionina com a enzima L-aminoacilase, que catalisa a reação de hidrólise dos aminoácidos DL-acetilados em L-aminoácidos. A reação é enantio-selectiva, pelo que é fácil separar as formas L dos

D-formas. Este processo foi realizado pela primeira vez pela empresa japonesa Tanabe em 1969 para obter L-aminoácidos à escala industrial (Leuchtenberger, 1996). Outra catálise enzimática efectuada em 1990 é a conversão de DL-metil-tioetil-hidantoína com *Arthrobacter aurescens* DSM 7330 em L-metionina (Voelkel, 1993; Stehr, 1996). Vários trabalhos de investigação relataram a otimização da conversão da mistura racémica em L-aminoácidos puros (Tokuyama *et al.*, 1996; May *et al.*, 2000). Embora os processos enzimáticos existentes obtenham bons rendimentos, requerem substratos e meios de fermentação dispendiosos.

2.3.3 Produção de metionina por fermentação

A descoberta de bactérias produtoras de ácido glutâmico por Kinoshita *et al.* (1957) acabou por conduzir a processos de fermentação para a produção de vários outros aminoácidos. Desde então, foram isolados vários microrganismos capazes de produzir aminoácidos e a produção de aminoácidos tornou-se um aspeto importante da microbiologia industrial. Aminoácidos como a lisina, a treonina, a isoleucina e a histidina foram produzidos com sucesso por fermentação (Fan *et al.*, 1988; Leuchtenberger, 1996; Okamoto e Ikeda, 2000; Kircher e Pfefferle, 2001; Hermann, 2003).

Foram feitas tentativas para produzir em excesso L-metionina biologicamente ativa por fermentação (Nakayama *et al.*, 1978; Roy *et al.*, 1984; Mondal e Chatterjee, 1994, Kumar *et al.*, 2003). A produção fermentativa de aminoácidos por microrganismos baseia-se em modificações genéticas e ambientais, uma vez que a biossíntese de aminoácidos é altamente regulada (Rowbury e Woods, 1961; Herrmann e Somerville, 1983). Estas modificações quebram os controlos reguladores normais, forçando a sobreprodução e a excreção de aminoácidos (Barrett, 1985). A produção de metionina através do processo de fermentação também fornece muitos outros aminoácidos. Assim, um processo microbiano para a produção comercial de metionina é de maior interesse, tanto ecológico como económico (Odunfa *et al.*, 2001).

2.4. Microrganismos produtores de metionina

Mondal e Chatterjee (1994) referiram que um mutante resistente à etionina da *Brevibacterium heali* produzia 13 mg/l de metionina, ao passo que mutantes reguladores auxotróficos de lisina e treonina da mesma bactéria produziam 25,5 g/l de metionina. A sobreprodução de metionina por mutantes foi registada em *Saccharomyces cerevisiae* (Cherest *et al.*, 1973), *Saccharomyces lipolytica* (Morzycka *et al.*, 1976) e numa levedura utilizadora de n-parafinas, *Candida petrophilum* (Komatsu *et al.*, 1974). Uma levedura metilotrófica, *Candida boidinii* 2201, produziu 16,02 mg de metionina por grama de peso celular seco (Tani *et al.*, 1988).

Lista de microrganismos produtores de metionina

Microorganism	Methionine yield (g/l)	Reference
Bacillus megaterium B71	4.50	Roy *et al.* (1984)
Bacillus mageterium	4.20	Roy *et al.* (1984)
Bacillus brevis	1.30	Mondal and Chaterjee (1994)
Corynebacterium lilium NTE 99	4.07	Sharma and Gomes (2001)
Corynebacterium glutamicum	2.00	Kase and Nakayama (1975)
Candida biodini E-500	8.80	Tani *et al.* (1988)
E. coli	2.00	Rowbury (1964)
E. coli K12	2.00	Chattopadhyay *et al.* (1995)
Leuconostoc sp.	2.76	Anike and Okafor (2008)
Corynebacterium sp.	2.48	Anike and Okafor (2008)
Bacillus sp.	1.35	Anike and Okafor (2008)
E. coli JM109	0.91	Nakamori *et al.* (1999)
Kluyveromyces lactis	14.20	Kitamoto and Nakahara

Microorganism	Methionine yield (g/l)	Reference
IPU126		(1994)
Micrococcus glutamicus EMS	3.00	Banik and Majumdar (1974)
Methylomonas sp. MNNG	0.42	Yamada *et al.* (1982)
Neurospora crassa	2.00	Metzenberg *et al.* (1964)
Pseudomonas FM 518 MNNG	0.80	Morinaga *et al.* (1982)
Pseudomonas FM 518 MNNG	0.80	Morinaga *et al.* (1982)
Saccharomyces cerevisiae	0.33	Brigidi *et al.* (1988)
Microorganism	**Methionine yield (g/l)**	**Reference**
Serratia sp.	0.78	Ghosh and Banerjee (1986)
Lactobacillus plantarum	3.48	Anike and Okafor (2008)
Lactobacillus sp.	3.30	Anike and Okafor (2008)
Streptomyces strain SP-05	3.72	Nwachukwu and Ekwealor, (2009)
Corynebacterium glutamicum	3.6	Pham *et al.* (1992)
Bacillus cereus DS 13	1.46	Dike and Ekwealor (2012)
Bacillus cereus RS 16	1.21	Dike and Ekwealor (2012)
Bacillus cereus AS 9	1.84	Dike and Ekwealor (2012)

Halasz *et al.* (1988) também relataram uma levedura rica em metionina para utilização como proteína unicelular. Foi relatado que um mutante resistente à etionina de uma bactéria metilotrófica produzia 420 mg/l de metionina em condições optimizadas (Yamada *et al.*, 1982). Um mutante de *Corynebacterium glutamicum* ESLMR-724 resistente a múltiplos análogos e auxotrófico de treonina produziu 2 mg/ml de metionina num meio contendo 10% de glucose (Kase e Nakayama, 1975). Ghosh e Banerjee (1986) referiram que uma *Serratia marcescens* var *kiliensis* que utilizava hidrocarbonetos produzia 1,68 g/l de ácido glutâmico e 0,78 g/l de metionina em condições de cultura optimizadas num meio sintético com hidrocarbonetos como única fonte de carbono. Chattopadhyay *et al.* (1995) também registaram a produção de 1 g/l de metionina e treonina utilizando uma estirpe de *E. coli* K-12 resistente à etionina e ao 5-bromouracil.

Nakamori *et al.* (1999) registaram a produção de 910 mg/l de l-metionina por uma estirpe mutante TN1 de *E. coli* JM109 resistente a análogos de metionina. Odunfa *et al.* (2001) registaram isolados de *Lactobacillus* capazes de produzir 16,1 mg/l de metionina a partir de *ogi*. Ozulu *et al.* (2012) isolaram seis isolados bacterianos produtores de metionina de solos nigerianos, que, por fermentação submersa, acumularam metionina numa gama de 0,46 - 1,40 mg/ml. Também foram registadas estirpes selvagens de *Acetobacterium woodii*, *Neurospora crassa*, *Torula lactis* e *Mycobacterium tuberculosis* capazes de acumular metionina (Metzenberg *et al.*, 1964; Nakayama *et al.*, 1978).

2.4.1 Via de biossíntese da metionina nos microrganismos

A metionina, a lisina, a treonina e a isoleucina são membros da família de aminoácidos do aspartato e são de grande importância. As vias de biossíntese dos aminoácidos desta família foram descritas por Stadtman *et al.* (1961), Yugari e Gilvarg (1962), Rowbury (1964), Patte e Bros (1967), Umbarger (1969) e Morinaga *et al.* (1996). Foram estudados pormenores da biossíntese da metionina (Flavin, 1975; Kinoshita, 1985; Jetten e Sinskey, 1995; Sahm *et al.*, 1995; Malumbres e Martin, 1996 e Hwang *et al.*, 1999). A via metabólica completa para a biossíntese da metionina em *E. coli* foi descrita por Wijesundra e Woods (1962) e Rowbury e Woods (1961). Flavin *et al.* (1964) estudaram a biossíntese da metionina em *Salmonella typhimurium*. As vias de biossíntese da metionina em vários microrganismos têm muitas características comuns.

Dois reguladores estão envolvidos neste controlo em *E. coli*, o repressor MetJ e o ativador MetR. O repressor MetJ, interagindo com S - adenosil metionina, liga-se às sequências Met box e reprime a transcrição da maioria dos genes met. MetR estimula a expressão dos genes *metE* e *metH* que codificam as metionina sintases. A homocisteína aumenta acentuadamente a ativação da expressão de *metE por* MetR (Weissbach e Brot, 1991; Greene, 1996).

As vias de biossíntese da metionina variam consoante os organismos, mas a maioria das bactérias e leveduras seguem uma via biossintética comum (Fig.1). A aspartato quinase, através de uma reação de oxidação, converte o aspartato em 4-fosfoaspartato, que é posteriormente oxidado para formar aspartato semi-aldeído pela aspartaldeído desidrogenase. A lisina forma-se a *partir do* semi-aldeído do aspartato através do dihidropicolinato. A homoserina é formada pela oxidação do aspartato semi-aldeído pela enzima homoserina desidrogenase. A partir da homoserina, uma via metabólica separada conduz à síntese da metionina, enquanto outra conduz à treonina e, subsequentemente, à isoleucina.

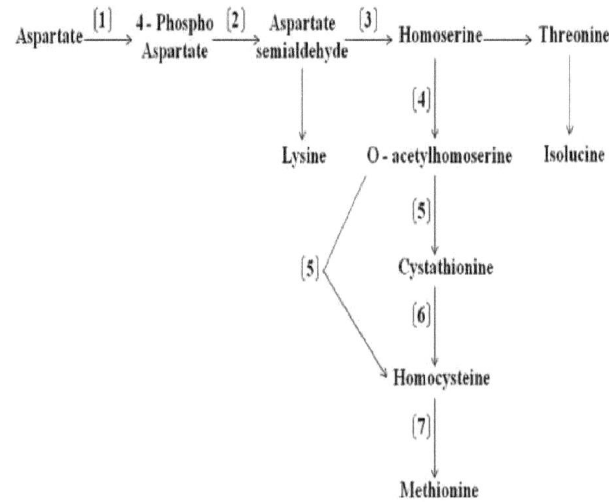

Fig. 1. Biossíntese da metionina em vários microrganismos

(Kumar e Gomes, 2005).

[1] Aspartato quinase, [2] Aspartaldeído desidrogenase, [3] Homoserina desidrogenase, [4] Homoserina O-acetiltransferase, [5] O-acetil-homoserina (tiol)-liase, [6] Cistationina δ-liase, [7] Homoserina S-metiltransferase, [8] Homoserina quinase.

Em contraste com o processo de biossíntese acima referido, certas bactérias e fungos produzem *O-succinil-homoserina* em vez de *O-acetil-homoserina* durante a síntese de metionina (Flavin, 1975). A regulação da biossíntese de metionina em *Corynebacterium* foi descrita por Kase e Nakayama (1975) e em *Brevibacterium flavum* por Ozaki e Shiio (1982). Auger *et al.* (2002) discutiram a biossíntese de metionina e a sua regulação noutra estirpe bacteriana *Bacillus subtilis*. Ruckert *et al.* (2003) estudaram a via para a biossíntese de L-metionina em *Corynebacterium glutamicum* utilizando as sequências do genoma. Apesar de os microrganismos utilizarem diferentes vias biossintéticas, a maioria das bactérias e dos fungos sintetiza metionina e excreta este aminoácido no meio.

2.5. Composição dos meios e condições de cultura para a produção de metionina

O sucesso de uma fermentação industrial depende muito da seleção cuidadosa do meio nutritivo (Chisti e Mooyoung, 1999). O meio deve conter todos os componentes necessários em concentrações adequadas. A composição do meio tem uma profunda influência na fisiologia microbiana e a capacidade de produzir um produto ao máximo está frequentemente associada a formas fisiológicas específicas (Ward, 1989). Os microrganismos alteram o seu consórcio de enzimas em resposta ao ambiente de crescimento e, por conseguinte, o meio deve ser cuidadosamente concebido para favorecer a formação do produto. Banik e Majumdar (1974), Ghosh e Banerjee (1986) e Roy *et al.* (1984) utilizaram métodos empíricos de otimização dos meios e Sharma e Gomes (2001) utilizaram o método estatístico de otimização dos meios para a produção de metionina.

As fontes de carbono, as fontes de azoto e a sua proporção nos meios de fermentação desempenham um papel significativo na produção de metabolitos específicos (Chisti e Mooyoung, 1999). Pham *et al.* (1992) utilizaram sumo de cana de açúcar, melaço, banana, mandioca e água de coco como fontes de carbono para a produção de metionina. A glucose é a fonte de carbono mais utilizada para a produção de metionina (Kase e Nakayama, 1975; Chattopadhyay *et al.*, 1995). Embora vários investigadores tenham utilizado o extrato de levedura como fonte de azoto para a produção de metionina, a utilização de fontes de azoto orgânico não é aconselhável, uma vez que estas contêm normalmente muitos aminoácidos (incluindo metionina) e, se um microrganismo receber metionina no meio, não produzirá este aminoácido (Kumar e Gomes, 2005). As culturas de *Lactobacillus* capazes de produzir metionina foram isoladas de *ogi* utilizando ágar deMan, Rogosa e Sharpe (MRS) (Odunfa *et al.*, 2001). *Leuconostoc sp.*, *Corynebacterium* sp., *Bacillus* sp., *Leuconostoc* sp. e *Corynebacterium* sp. com capacidade de produção de metionina foram isolados utilizando glucose yeast extract agar (GYEA) como meio.

2.5. Bacteriocinas

As bacteriocinas são péptidos antimicrobianos sintetizados por ribossomas que são activos contra outras bactérias, quer da mesma espécie, quer de géneros diferentes. Algumas bacteriocinas são pequenos péptidos constituídos por apenas 19 a 37 aminoácidos, enquanto outros são grandes péptidos com pesos moleculares até 90 000 (Shin *et al.*, 2008). As bacteriocinas são produzidas tanto por bactérias Gram-positivas (principalmente LAB) como Gram-negativas (*Serratia marcesens, Pseudomonas aeruginosa, Escherichia coli*) e as bacteriocinas de bactérias Gram-positivas parecem possuir uma gama mais vasta de organismos susceptíveis. São hidrofóbicas e estáveis ao calor, possuindo atividade bacteriocida que é rapidamente digerida por proteases no trato digestivo humano e relativamente hidrofóbicas e estáveis ao calor. As bacteriocinas podem ser classificadas em 4 grupos (lantibióticos, bacteriocinas termicamente estáveis não modificadas, bacteriocinas termolábeis de grandes dimensões e bacteriocinas cíclicas) com base na sua massa molecular, estabilidade térmica, enzimática, sensibilidade, presença de aminoácidos modificados pós-tradução e modo de ação.

Foram relatadas BAL pertencentes aos géneros *Lactobacillus*, *Enterococcus*, *Pediococcus*, *Carnobacterium* e *Leuconostoc* e não BAL *Bifidobacterium bifidum* (Yildirim *et al.*, 1999), *Bacillus coagulans* (Le Marrec *et al.*, 2000) e *Listeria innocua* (Kalmokoff *et al.*, 2001) capazes de produzir metionina.

Diferentes géneros de bactérias, como *Acetobacter*, *Actinobacillus* e *Corynebacterium*, capazes de produzir bacteriocinas, foram referidos por Puttalingamma (2013). A deteção da atividade das bacteriocinas é essencial em estudos de desenvolvimento de co-cultura microbiana utilizando diferentes estirpes de microrganismos para verificar a sua eficiência contra agentes patogénicos nocivos.

CAPÍTULO 3
MATERIAL E MÉTODOS

3.1. Generalidades

3.1.1. Localização

As experiências foram realizadas no Departamento de Microbiologia Agrícola, Colégio Agrícola e Instituto de Investigação, Madurai e no Departamento de Ciência Alimentar e Nutrição, Colégio de Ciências Domésticas e Instituto de Investigação, Madurai.

3.1.2. Artigos de vidro

Todos os objectos de vidro utilizados nas experiências foram limpos por imersão em ácido crómico a 6,5 por cento durante 2 horas, lavados com água, enxaguados uma vez com água destilada e esterilizados num autoclave antes de serem utilizados.

3.1.3. Produtos químicos utilizados no estudo

Para a preparação dos meios e os estudos bioquímicos, foram utilizados produtos químicos de grau reagente analítico (AR) das empresas Hi-Media, Qualigens, BDH, E-Merck, ILECO e Sigma.

3.1.4. Método de esterilização

Os vidros foram esterilizados numa estufa de ar quente a 180°C durante 3 h. Todos os meios de cultura, caldo e água foram esterilizados num autoclave a 121°C durante 15 min. O isolamento, a purificação, a inoculação e outros trabalhos microbiológicos foram efectuados na câmara de fluxo de ar laminar.

3.1.5. Composição dos suportes, soluções e cartão de pontuação

As composições dos meios, as soluções e o cartão de pontuação utilizados são apresentados no Apêndice I, as soluções no Apêndice II e o cartão de pontuação utilizado é apresentado no Apêndice III.

3.2. Isolamento de microrganismos secretores de metionina

3.2.1. Recolha de amostras

A coalhada (5 amostras), o iogurte (2 amostras) e o queijo (3 amostras) utilizados para o isolamento de microrganismos produtores de metionina foram recolhidos em lojas locais de Madurai, no estado de Tamil Nadu, na Índia. Os resíduos industriais de sagu (9 amostras) foram recolhidos em sacos de polietileno esterilizados de diferentes indústrias de sagu de Salem, estado de Tamil Nadu, Índia.

3.2.2.. Isolamento de microrganismos secretores de metionina (Kumar e Gomes, 2005)

Um grama de cada amostra foi suspenso em 100 ml de água estéril e mantido num agitador durante 30 minutos a 120 rpm, e 1 ml da suspensão foi diluído em série dez vezes em água destilada dupla estéril. Eventualmente, 1 ml da diluição de 10^{-5} foi semeado no ágar deMan, Rogosa Sharpe (MRS) modificado sem extrato de levedura. Outras placas foram incubadas durante 2 dias a 28°C e observadas quanto ao crescimento. Cada colónia representativa foi selecionada com base na morfologia, subcultivada e as culturas puras dos isolados foram semeadas em placas MRS modificadas e armazenadas a 4°C para estudos posteriores.

3.3. Rastreio dos isolados quanto à secreção de metionina por análise cromatográfica em papel (Khanna e Nag, 1973)

Uma única colónia do microrganismo foi inoculada em frascos Erlenmeyer de 50 ml contendo 10 ml de caldo MRS modificado a 28° C e incubada em agitador rotativo a 120 rpm durante 2 dias. Um por cento (v/v) contendo 10^9 CFU ml^{-1} da cultura inicial foi inoculado em frascos Erlenmeyer de 100 ml contendo 25 ml de caldo MRS modificado a 28° C em agitador rotativo a 120 rpm para análise da secreção de metionina. A produção de metionina foi avaliada após incubação do frasco durante 3 dias. Os frascos não inoculados serviram de controlo em todas as experiências e foram mantidas três repetições.

As culturas em caldo incubadas durante 3 dias foram centrifugadas a 5000 rpm durante 20 min e 5 µl do sobrenadante de cada cultura foram aplicados 1,5 cm acima de um bordo do papel de filtro Whatman n.º 1. Foram aplicados 5 µl de solução padrão de metionina (100 µg ml^{-1}) juntamente com o sobrenadante como controlo positivo e 5 µl de sobrenadante de caldo MRS modificado não inoculado como controlo negativo. Foi utilizada uma cuba cromatográfica retangular com a mistura de solventes n-butanol, ácido acético e água (4: 1: 1) e a experiência cromatográfica foi deixada a decorrer durante 24 h. O cromatograma foi seco ao ar à temperatura ambiente, pulverizado com uma solução de ninidrina a 0,15% dissolvida em butanol e seco novamente à temperatura ambiente antes de ser aquecido a 60°C durante 5 minutos numa estufa. O valor Rf (distância percorrida pelo aminoácido/distância percorrida pela mistura de solventes) da mancha positiva de ninidrina (azul-violeta/púrpura) do sobrenadante que correspondia ao valor Rf da solução padrão de metionina foi considerado como uma indicação da secreção de metionina pelos microrganismos.

3.4. Ensaio quantitativo da produção de metionina pelos isolados (Greenstein e Wintz, 1961)

3.4.1. Preparação das amostras para o ensaio da metionina

As culturas microbianas positivas seleccionadas por cromatografia em papel com 1 por cento (v/v) foram inoculadas em frascos Erlenmeyer de 100 ml contendo 25 ml de caldo MRS modificado e analisadas quanto à secreção de metionina de 24 em 24 horas até 120 horas. Cinco ml de volume de caldo de cultura foram centrifugados a 5000 rpm durante 20 minutos a 4° C e o sobrenadante foi transferido para um tubo de ensaio de 10 ml com tampa de rosca para análise.

3.4.2. Ensaio da metionina

Adicionou-se um ml de NaOH 5N a 5 ml do sobrenadante, seguido da adição de 0,1 ml de solução de nitroprussiato de sódio a 10%, a mistura foi bem misturada por vórtice e mantida sem perturbações durante 10 minutos. Adicionaram-se 2 ml de glicina aquosa a 3% à mistura reacional, agitando-se frequentemente durante 10 minutos, e deixou-se novamente em repouso durante 10 minutos. Adicionaram-se, gota a gota, dois ml de ácido ortofosfórico concentrado à mistura reacional, com agitação contínua. O intervalo de tempo de 5 minutos foi mantido para o desenvolvimento da cor e a intensidade da cor foi medida a 540 nm num espetrómetro (Elico SL 159 UV-Vis, Índia). Foi mantido um branco com o caldo de cultura não inoculado como referência, os resultados foram interpolados numa curva padrão obtida através de concentrações variáveis (100 - 900 µg/ml) de metionina.

3.5. Caracterização dos isolados secretores de metionina

3.5.1. Caracterização morfológica

Os caracteres morfológicos dos microrganismos produtores de metionina foram identificados de acordo com o método de Gerhardt *et al.* (1981). A presença de endosporos nos isolados foi observada através da coloração de esporos, de acordo com o método padrão (Harigan e Mc cance, 1966). Os caracteres da colónia, *nomeadamente* margem, elevação, cor, forma e superfície dos isolados foram observados conforme descrito por Gerhardt *et al.* (1981).

3.5.2. Caracterização bioquímica dos isolados secretores de metionina

Os caracteres bioquímicos, tais como a hidrólise do amido, a degradação da celulose, a hidrólise da gelatina, o teste da catalase, o teste de utilização do citrato, o teste do vermelho de metilo - Voges Proskauer, o teste da urease e a redução do nitrato foram efectuados de acordo com os métodos de Aneja (1996). Os organismos que se assemelhavam a leveduras na morfologia foram submetidos a caraterização bioquímica, como fermentação de açúcar, assimilação de açúcar e formação de tubo germinativo (Cruickshank *et al.*, 1975).

3.5.3. Caracterização molecular e análise filogenética

3.5.3.1. Isolamento do ADN genómico total e amplificação dos genes 16S rRNA e 18S rRNA

O ADN genómico dos isolados de leveduras e bactérias que apresentavam secreção de metionina foi isolado, amplificado e as sequências nucleotídicas de 16S rRNA e 18S rRNA foram identificadas (Yaazl xenomics, Índia). O comprimento quase total do gene 18S rRNA dos isolados de levedura seleccionados foi amplificado utilizando primers universais para fungos ITS1 (TCCGTAGGTGAACCTGG) e ITS4 (TCCTCCGCTTATTGATAT) e o gene 16S rRNA dos isolados bacterianos seleccionados foi amplificado utilizando primers universais para eubactérias, 27F (AGAGTTTGATCMTGGCTCAG) e1492R (TACGGYTACCTTGTTACGACTT) e (Weisburg *et al.*, 1991). Os produtos amplificados foram analisados por eletroforese em géis de agarose a 1,5 por cento. Após a separação dos produtos de PCR em gel de agarose, foram visualizados e fotografados utilizando o sistema de documentação e análise de gel Alpha imager TM1200. A banda com o tamanho esperado foi purificada em gel utilizando colunas de spin (Yaazl xenomics, Índia) e eluída com água milli-Q estéril.

3.5.3.2. Análise filogenética

As identidades das leveduras e das bactérias foram deduzidas utilizando o servidor Eztaxon 2.1 (http://www.eztaxon.biocloud.org) para determinar os seus parentes mais próximos. Para criar uma árvore filogenética, foram efectuados alinhamentos de sequências múltiplas utilizando a versão CLUSTAL W (1.8) (Thompson *et al.*, 1994). O método de Jukes e Cantor (1969) foi utilizado para calcular as distâncias evolutivas; os dendrogramas filogenéticos foram construídos por métodos de união de vizinhos (Saitou e Nei, 1987) utilizando o programa MEGA 5.1 e os valores de bootstrap foram calculados com base em 1000 replicações (Felsenstein, 1981).

3.6. Otimização das condições de fermentação para a secreção de metionina pelos isolados de leveduras e bactérias em meio MRS modificado

Uma única colónia da bactéria foi inoculada em frascos Erlenmeyer de 50 ml contendo 10 ml de caldo MRS modificado a 28° C e incubada em agitador rotativo a 120 rpm durante 2 dias. Um por cento (v/v) contendo 10^9 cfu ml^{-1} da cultura inicial foi inoculado em frascos Erlenmeyer de 100 ml contendo 25 ml de caldo MRS modificado a 28° C em agitador rotativo a 120 rpm para análise da secreção de metionina. A produção de metionina foi avaliada após incubação do frasco durante 3 dias.

Factores como várias concentrações de glucose (10, 20, 30 e 40 g por litro de caldo), concentrações de azoto (0,5, 1,0, 2,0, 4,0, 6,0, 8,0 e 10.0 g por litro de caldo), diferentes pH aumentados a uma taxa de um (4 a 9) e várias temperaturas (25° C, 30° C, 35° C e 40° C) que afectam a produção de metionina foram optimizados adoptando a técnica de pesquisa, variando um fator de cada vez. O melhor parâmetro de cada experiência foi considerado como a composição do meio basal para a experiência seguinte. Todas as experiências foram realizadas em três séries com um controlo e a secreção de metionina pela levedura e pelos isolados bacterianos foi analisada de 24 em 24 horas até 120 horas. A acumulação de metionina no caldo de cultura foi analisada conforme descrito anteriormente no ponto 3.4.

3.7. Atividade hemolítica de isolados de leveduras e bactérias produtoras de metionina

É um dos testes rápidos utilizados para distinguir os agentes patogénicos humanos ou animais de estirpes não patogénicas. Neste estudo, os isolados bacterianos e de levedura foram semeados em ágar sangue e observados quanto à atividade hemolítica. A hemólise completa foi registada como hemólise β, enquanto a hemólise α e γ foram registadas como hemólise parcial e sem hemólise, respetivamente (Indira Gandhi *et al.*, 2008).

3.8. Atividade bacteriocina de isolados de leveduras e bactérias produtoras de metionina 3.8.1. Fonte de microrganismos indicadores

Quatro bactérias patogénicas *Listeria monocytogenes* MTCC 1143, *Staphylococcus aureus* MTCC 1144, *Bacillus cereus* MTCC 1272 e *Escherichia coli* MTCC 2622 foram obtidas da Microbial Type Culture Collection, Chandigarh. As bactérias testadas foram cultivadas em ágar nutriente e subcultivadas regularmente (de 30 em 30 dias) e armazenadas a 4º C.

3.8.1. Preparação dos microrganismos indicadores

Introduziram-se dez mililitros de água destilada no tubo de tampa de rosca e suspendeu-se uma colónia pura de bactérias patogénicas recentemente cultivadas. A DO (densidade ótica) foi medida com o colorímetro. A carga celular foi ajustada para 10^8 cfu ml^{-1} . Esta suspensão é utilizada como inóculo padrão.

3.8.2. Deteção da atividade das bacteriocinas

O espetro antibacteriano da bacteriocina do microrganismo produtor de metionina foi determinado utilizando o método de difusão em poço (Tagg e McGiven, 1971). O sobrenadante estéril de uma cultura de 24 horas dos microrganismos produtores de metionina foi obtido por centrifugação a 12000 rpm durante 20 minutos a 4º C, seguido de tratamento térmico do sobrenadante a 90º C durante 3 minutos num banho de água para inativar as células vivas. O sobrenadante foi colocado em poços de 5 mm de diâmetro que tinham sido cortados numa placa de ágar nutriente endurecida previamente semeada com uma bactéria indicadora. Após 24 h de incubação, foi medido o diâmetro das zonas de inibição do crescimento.

CAPÍTULO 4

RESULTADOS EXPERIMENTAIS

O principal objetivo desta investigação foi isolar, selecionar microrganismos produtores de metionina e etileno, conceber um consórcio adequado e estudar a sua possível utilização no amadurecimento de frutos de manga e banana. Os resultados obtidos com esta investigação são pormenorizados a seguir.

4.1. Isolamento de microrganismos secretores de metionina

Vinte amostras colhidas de resíduos industriais de coalhada, queijo, iogurte e sagu foram utilizadas para o isolamento de microrganismos secretores de metionina (placa 1). Obteve-se um total de 186 isolados a partir destas amostras, conforme indicado no quadro 1 e na placa 2. Cada colónia representativa com diversidade morfológica foi subcultivada e purificada (placa 3).

4.2. Rastreio dos isolados quanto à secreção de metionina por análise cromatográfica em papel

Os isolados foram analisados através da técnica de cromotagrafia em papel para a produção de metionina. Os resultados são apresentados na Tabela 2 e na Placa 4. Entre os 186 obtidos, apenas quatro isolados, *a saber*, S1O1, S2O1, S3O1 e S6O2, provenientes de resíduos de sagueiro, apresentaram resultados positivos para a secreção de metionina.

4.3. Ensaio quantitativo da secreção de metionina pelos isolados

Entre os isolados secretores de metionina, o S3O1 apresentou o rendimento máximo de metionina de 1150 μg ml^{-1} seguido pelo S2O1 com um rendimento de metionina de 1003 μg ml^{-1} no caldo MRS modificado após 96 h de incubação. O rendimento de metionina foi menor no isolado S6O2 (853 μg ml^{-1}). A secreção de metionina pelos isolados seleccionados foi abruptamente reduzida após 96 h de incubação. Os resultados são apresentados na Tabela 3, na Fig. 2 e na Placa 5.

Tabela 1. Isolamento de microrganismos secretores de metionina em ágar MRS modificado

S. No.	Source	No. of isolates recovered	Isolates
1	Curd 1	03	C1O1 - C1O3
2.	Curd 2	06	C2O1 - C2O6
3.	Curd 3	09	C3O1 - C1O9
4.	Curd 4	05	C4O1 - C4O4
5.	Curd 5	02	C5O1 - C5O2
6	Yogurt 1	03	Y1O1 - Y1O3
7	Yogurt 2	05	Y2O1 - Y2O5
8	Yogurt 3	06	Y3O1 - Y3O6
9.	Cheese 1	01	CH1O1
10	Cheese 2	01	CH2O1
11.	Cheese 3	06	C3O1 - C3O6
12.	Sago waste 1	12	S1O1 - S1O12
13.	Sago waste 2	16	S2O1 - S2O16
14.	Sago waste 3	18	S3O1 - S3O18
15.	Sago waste 4	13	S4O1 - S4O13
16.	Sago waste 5	7	S5O1 - S5O7
17.	Sago waste 6	21	S6O1 - S6O21
18.	Sago waste 7	18	S7O1 - S7O18
19.	Sago waste 8	21	S8O1 - S8O21
20.	Sago waste 9	13	S9O1 - S9O9
	Total	186	-

Tabela 2. Rastreio dos isolados quanto à secreção de metionina por análise de cromatografia em papel

S. No.	Source	Isolates screened	Methionine secreting Isolate
1	Curd 1	C1O1- C1O3	-
2.	Curd 2	C2O1 - C2O6	-
3.	Curd 3	C3O1 - C1O9	-
4.	Curd 4	C4O1 - C4O4	-
5.	Curd 5	C5O1 - C5O2	-
6	Yogurt 1	Y1O1 - Y1O3	-
7	Yogurt 2	Y2O1 - Y2O5	-
8	Yogurt 3	Y3O1 - Y3O6	-
9.	Cheese 1	C1O1	-
10	Cheese 2	C2O1	-
11.	Cheese 3	C3O1 - C3O6	-
12.	Sago waste 1	S1O1 - S1O12	S1O1
13.	Sago waste 2	S2O1 - S2O16	S2O1
14.	Sago waste 3	S3O1 - S3O18	S3O1
15.	Sago waste 4	S4O1 - S4O13	-
16.	Sago waste 5	S5O1 - S5O7	-
17.	Sago waste 6	S6O1 - S6O21	S6O2
18.	Sago waste 7	S7O1 - S7O18	-
19.	Sago waste 8	S8O1 - S8O21	-
20.	Sago waste 9	S9O1 - S9O9	-
	Total	186	4

Tabela 3. Ensaio quantitativo da secreção de metionina ($\mu g\ ml^{-1}$) pelos isolados

S. No.	Time (h)	S1O1	S2O1	S3O1	S6O2
1.	24	163	210	138	192
2.	48	512	641	601	474
3.	72	789	874	865	658
4.	96	930	1003	1150	853
5.	120	658	718	704	673
	SEd	12.37	11.73	7.02	5.29
	CD (0.05)	26.37	25.01	14.97	11.29

Placa 1. Amostras para isolamento de microrganismos secretores de metionina

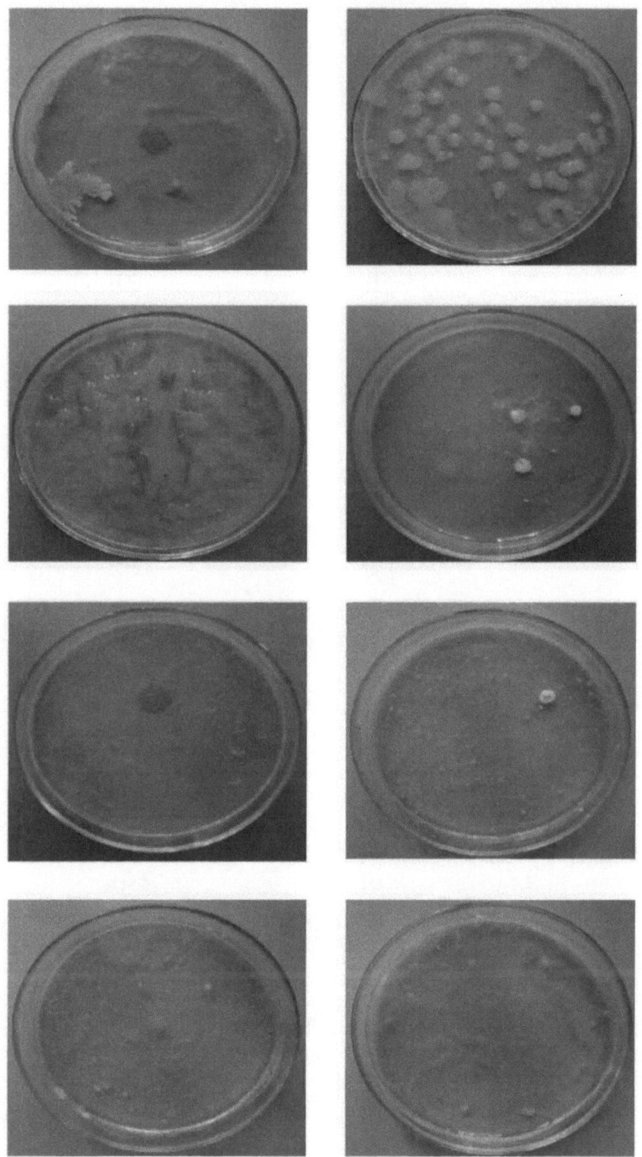

Placa 2. Isolamento de microrganismos secretores de metionina em ágar MRS modificado

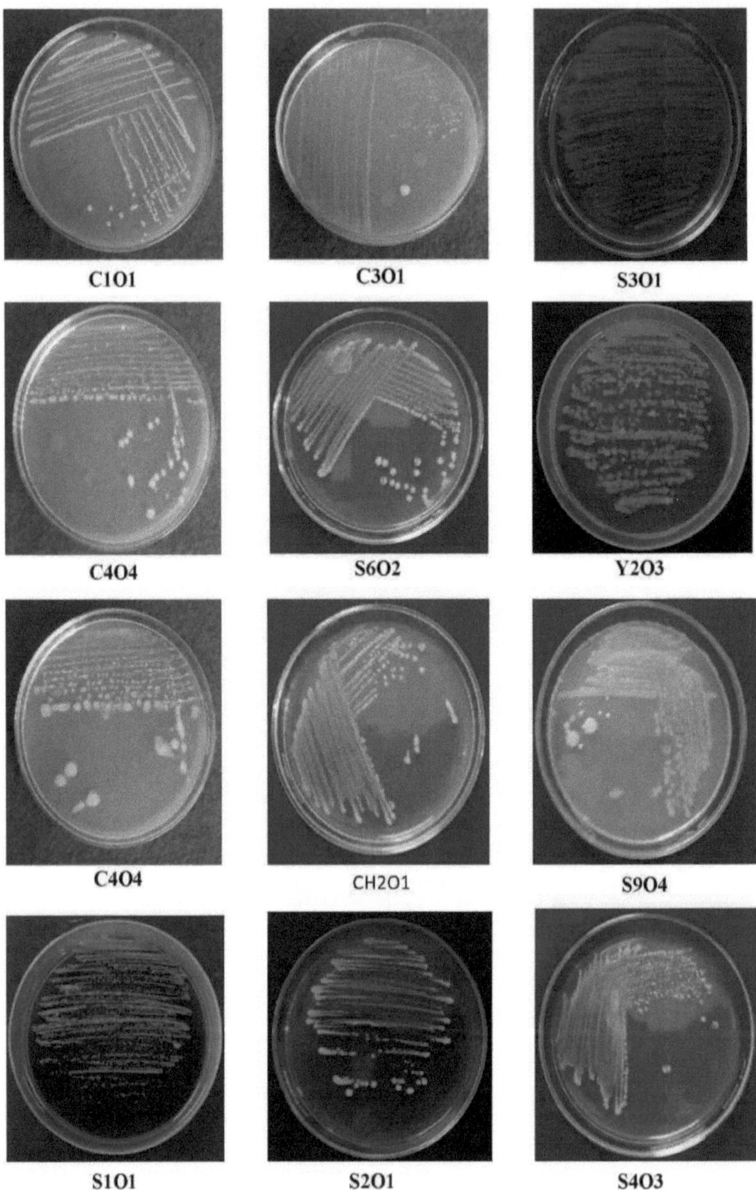

Placa 3. Purificação de isolados secretores de metionina

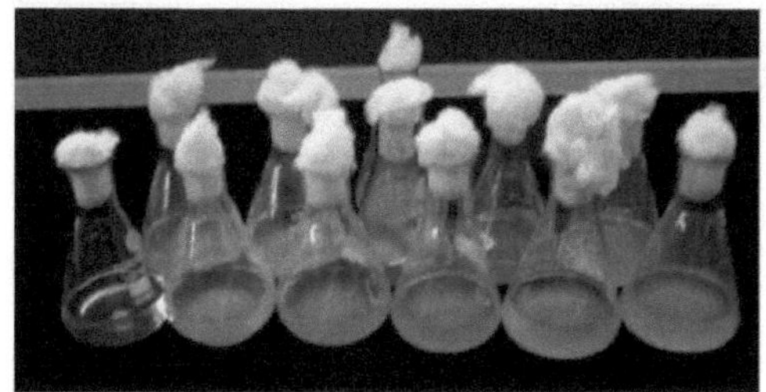

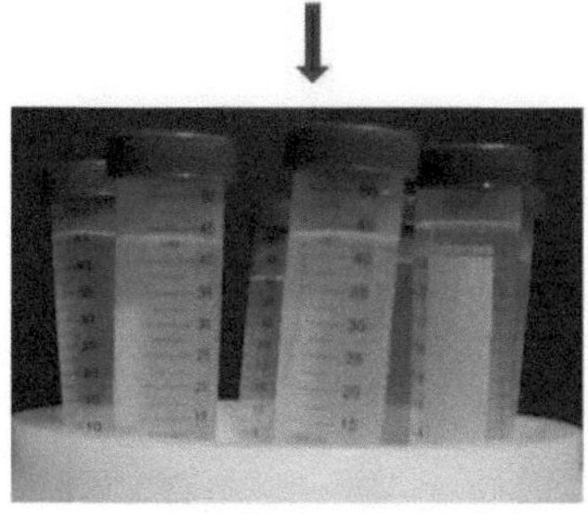

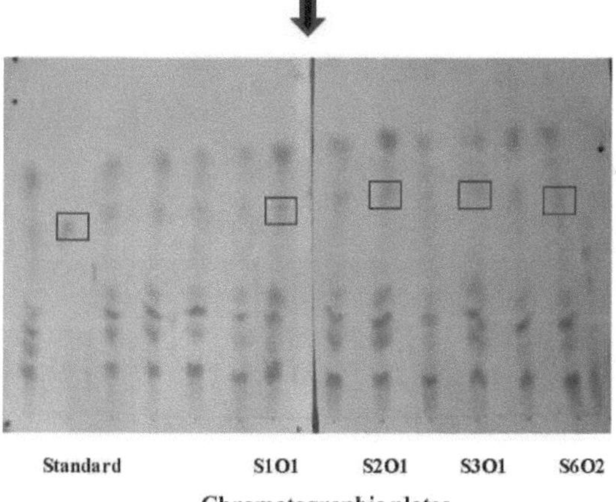

Placa 4. Rastreio dos isolados para a ecreção de metionina por análise de cromatografia em papel

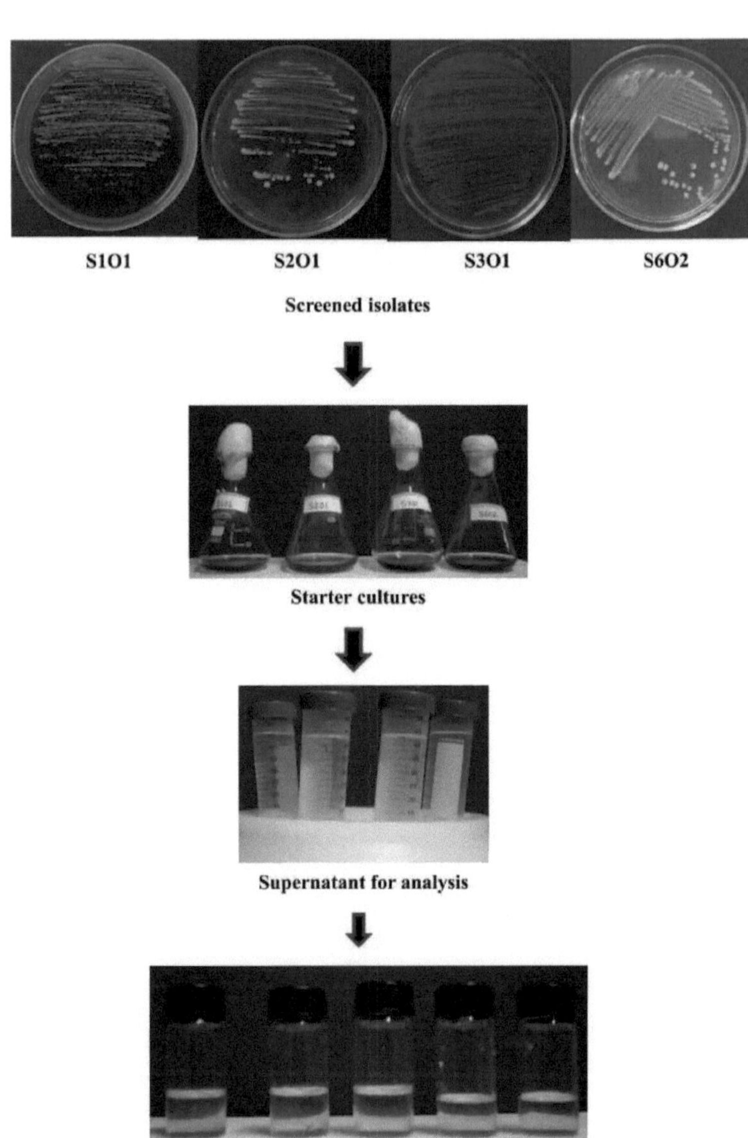

Placa 5. Ensaio quantitativo da secreção de metionina pelos isolados

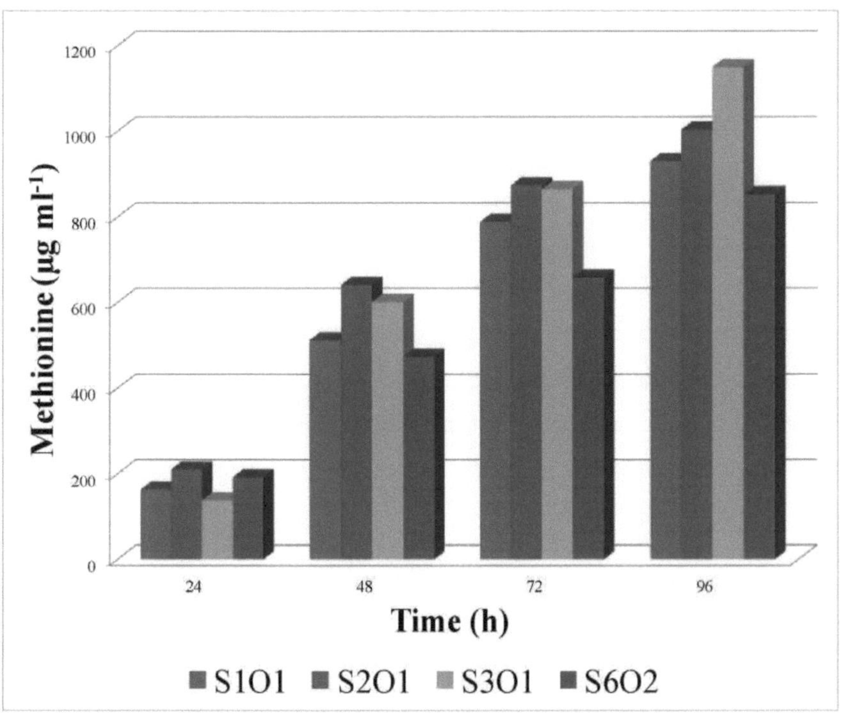

Fig. 2. Ensaio quantitativo da secreção de metionina pelos isolados

4.4. Caracterização dos isolados secretores de metionina

4.4.1. Caracterização morfológica

Os caracteres morfológicos dos isolados secretores de metionina estão resumidos no Quadro 4. Os caracteres das colónias de todos os quatro isolados secretores de metionina eram circulares e inteiros. Os isolados secretores de metionina variavam de branco-creme a avermelhado e as células tinham a forma de cocos ou de bastonete. O diâmetro da colónia dos isolados secretores de metionina S1O1, S2O1, S3O1 e S6O2 foi de 1,5 mm, 1,3 mm, 0,4 e 0,8, respetivamente. Também se observou um tamanho de célula de 7µm e brotamento em ambos os isolados S1O1 e S2O1, o que levou à tentativa de agrupamento em fungos. Mas o tamanho da célula dos isolados S3O1 e S6O2 foi de apenas 1,1 µm sem células em brotamento, o que levou ao agrupamento provisório em bactérias. A reação de Gram dos isolados S1O1 e S2O1 foi positiva, ao passo que os isolados S3O1 e S6O2 foram negativos.

4.4.2. Caracterização bioquímica

Após a tentativa de identificação, foi efectuada uma confirmação adicional através da realização de testes bioquímicos separados para os fungos (S1O1 e S2O1) e bactérias (S3O1 e S6O2). A assimilação de açúcar, a fermentação de açúcar e a formação de tubo germinativo foram observadas nos isolados secretores de metionina S1O1 e S2O1. A hidrólise do amido e a produção de indol foram negativas em ambos os isolados S3O1 e S6O2, enquanto a utilização de citrato e a produção de urease foram positivas. A caraterização bioquímica dos isolados secretores de metionina foi apresentada na Tabela 5a e na Tabela 5b.

4.4.3. Caracterização molecular e análise filogenética

O agrupamento filogenético baseado na amplificação do gene 18S rDNA dos isolados S1O1 (897 pb) e S2O1 (1494 pb) é apresentado na placa 6 e na Fig. 3. Do mesmo modo, o resultado da amplificação por PCR do gene 16S rDNA e o agrupamento filogenético dos isolados secretores de metionina S3O1 (1474 pb) e S6O2 (1494 pb) são apresentados na placa 7 e na Fig. 4. Os resultados da caraterização molecular são apresentados na Tabela 5c. As sequências do rDNA 18S e do rDNA 16S foram analisadas utilizando o servidor Eztaxon 2.1 (http://www.eztaxon.biocloud.org) para determinar os seus parentes mais próximos. O rDNA 18S

Tabela 4. Caracterização morfológica dos isolados secretores de metionina

Morphological character	S1O1	S2O1	S3O1	S6O2
Colony shape	Circular	Circular	Circular	Circular
Margin	Entire	Entire	Entire	Entire
Elevation	Convex papillate	umbonate	Convex	Convex
Surface	opaque	opaque	Glistening	opaque
Colour	Creamy white	Creamy white	Pale white	reddish
Colony diameter (mm)	1.5	1.3	0.4	0.8
Cell shape	Cocci	Cocci	Rods	Rods
Cell size (μm)	7	7	1.1	1.3
Gram reaction	$+^{ve}$	$+^{ve}$	$-^{ve}$	$-^{ve}$
Endospore	-	-	-	-
Budding	+	+	-	-
Tentative identification	Yeast	Yeast	Bacterium	Bacterium

Quadro 5a. Caracterização bioquímica das leveduras secretoras de metionina

S. No.	Yeast isolate	Sugar fermentation				Sugar assimilation				Germ tube formation
1.	S1O1	glucose	galactose	sucrose	maltose	glucose	galactose	sucrose	maltose	+
		+	+	-	+	+	-	+	+	
2.	S2O1	glucose	galactose	sucrose	maltose	glucose	galactose	sucrose	maltose	-
		+	+	-	-	+	-	+	+	

Tabela 5b. Caracterização bioquímica das bactérias secretoras de metionina

S. No	Bacterial isolate	Starch hydrolysis	Indole production	Citrate utilization	MR- VP		Catalase	Urease	Nitrate reduction
1.	S3O1	-	-	+	+	-	+	+	+
2.	S6O2	-	-	+	+	-	-	+	-

S. No	Strain	Homologous microorganism	Number of nucleotide (bp)	% identity
1.	S1O1	*Candida tropicalis*	897 (18S rRNA)	98.00
2.	S2O1	*Kluyveromyces marxianus*	1494 (18S rRNA)	99.87
3.	S3O1	*Acetobacter tropicalis*	1474 (16S rRNA)	100.00
4.	S6O2	*Lactobacillus paracasei* subsp. *tolerans*	1494 (16S rRNA)	99.87

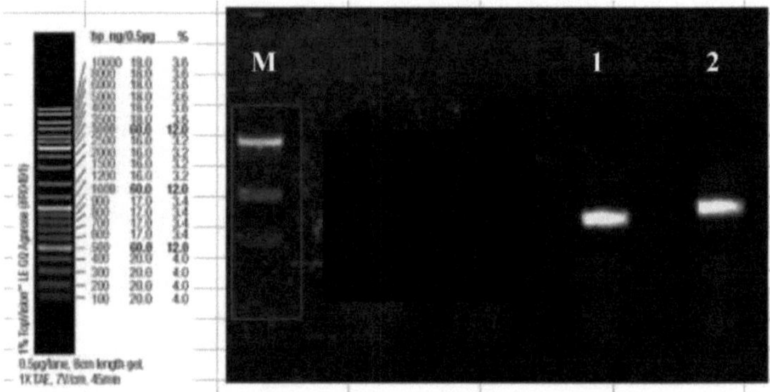

M – 1.5 kbp DNA Ladder; 1 – S1O1; 2 –S2O1;

Placa 6. Amplificação por PCR do gene 18S rRNA de leveduras secretoras de metionina

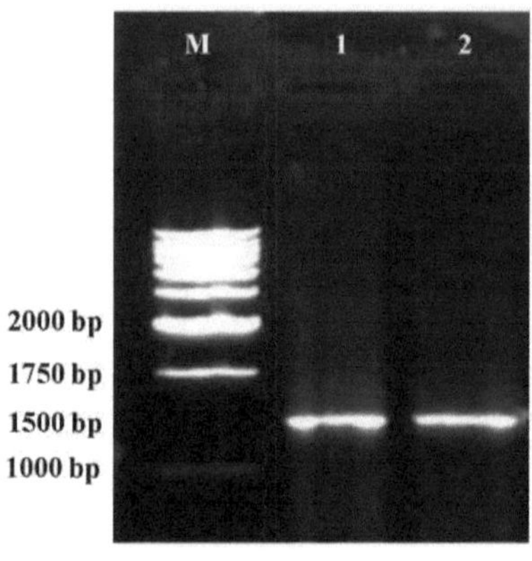

M – 1.5 kbp DNA Ladder; 1 – S3O1; 2 –S6O2;

Placa 7. Amplificação por PCR do gene 16S rRNA de bactérias secretoras de metionina

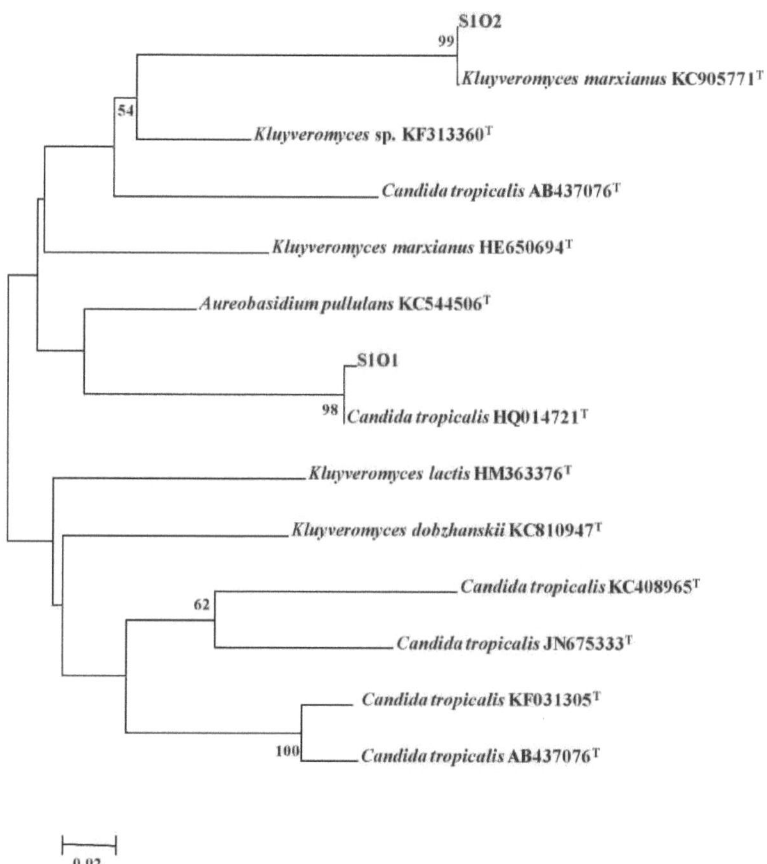

Fig. 3. Árvore filogenética de ligação de vizinhança baseada em sequências completas de rDNA 18S. Barra, 0,02 alterações de nucleótidos por posição. Isolados de leveduras secretoras de metionina obtidos neste estudo são mostrados em vermelho. Os valores de bootstrap ≥50 são apresentados.

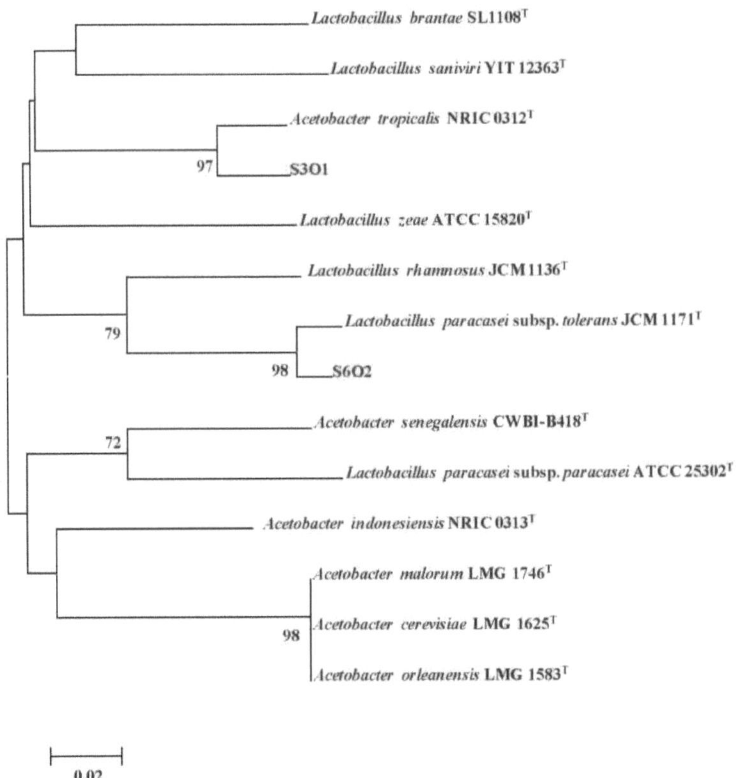

Fig. 4. Árvore filogenética de ligação de vizinhança baseada em sequências completas de 16S rRNA. Barra, 0,02 alterações de nucleótidos por posição. Os isolados bacterianos secretores de metionina obtidos neste estudo são mostrados em vermelho. Os valores de bootstrap ≥ 50 são apresentados.

revelou que o isolado S1O1, secretor de metionina, apresentava 98,00 % de semelhança com *Candida tropicalis* HQ014721ᵀ. A sequência do rDNA 18S do isolado S2O1 apresentou 99 % de semelhança com *Kluyveromyces marxianus* KC905771ᵀ. O resultado da sequência 16S rDNA do isolado S3O1, secretor de metionina, apresentou uma semelhança de 99,79 % com *Acetobacter tropicalis* NRIC 0312ᵀ, enquanto o isolado S6O2 apresentou uma semelhança de 98,87 com *Lactobacillus paracasei* subsp. *tolerans* JCM 1171ᵀ. As árvores filogenéticas dos isolados secretores de metionina foram construídas com o método de associação de vizinhos (NJ).

4.5. Otimização das condições de fermentação para a secreção de metionina por isolados de leveduras e bactérias em meio MRS modificado

4.5.1. Efeito das concentrações de glucose na secreção de metionina

A secreção de metionina pelos microrganismos de elite sob várias concentrações de glucose (Tabelas 6a, b, c, d e Fig. 5) confirmou que o aumento da concentração de glucose acima de 20 g resultou numa menor secreção de metionina, exceto para *Candida tropicalis* S1O1. O isolado bacteriano *Acetobacter tropicalis* S3O1 apresentou secreção máxima de metionina (1130 µg ml^{-1}) a 20 g de glucose, enquanto o isolado de levedura *Candida tropicalis* S1O1 apresentou maior secreção de metionina (1079 µg ml^{-1}) em caldo MRS modificado alterado com 30 g de glucose. Em geral, a secreção de metionina foi máxima em todos os quatro isolados em caldo MRS modificado contendo 20 g de glucose. **4.5.2. Efeito das concentrações de citrato de triamónio na secreção de metionina**

O efeito de várias concentrações de citrato de triamónio na secreção de metionina é apresentado nos Quadros 7a, b, c, d, e, f, g e na Fig. 6. Não se observou uma variação considerável na secreção de metionina até 2g de concentração de citrato de triamónio. No entanto, o aumento da concentração para 4 g aumentou a secreção de metionina ao máximo em *Candida tropicalis* S1O1 (979 µg ml^{-1}), *Kluyveromyces marxianus* (1073 µg ml^{-1}), *Acetobacter tropicalis* S2O1 (1178 µg ml^{-1}), *Lactobacillus paracasei* subsp. *tolerans* S6O2 (917 µg ml^{-1}). Além disso, com o aumento da concentração de citrato de triamónio para 6 g, 8 g e 10 g, a secreção de metionina diminuiu em todas as culturas.

Tabela 6a. Secreção de metionina (µg ml⁻¹) por isolados de leveduras e bactérias em caldo MRS modificado contendo 10 g de glucose litro⁻¹ do caldo

S. No.	Time (h)	*Candida tropicalis* S1O1	*Kluyveromyces marxianus* S2O1	*Acetobacter tropicalis* S3O1	*Lactobacillus paracasei* subsp. *tolerans* S6O2
1.	24	090	010	132	056
2.	48	096	037	243	061
3.	72	230	097	570	312
4.	96	284	275	913	432
5.	120	180	175	654	198
	SEd	1.81	1.79	5.85	3.27
	CD (0.05)	3.88	3.83	12.48	6.98

Tabela 6b. Secreção de metionina (µg ml⁻¹) por isolados de leveduras e bactérias em caldo MRS modificado contendo 20 g de glucose litro⁻¹ do caldo

S. No.	Time (h)	*Candida tropicalis* S1O1	*Kluyveromyces marxianus* S2O1	*Acetobacter tropicalis* S3O1	*Lactobacillus paracasei* subsp. *tolerans* S6O2
1.	24	172	250	242	160
2.	48	540	550	670	580
3.	72	910	689	890	666
4.	96	945	1075	1130	876
5.	120	597	610	860	569
	SEd	8.38	6.68	14.49	7.14
	CD (0.05)	17.86	14.24	30.88	15.22

Tabela 6c. Secreção de metionina (µg ml^{-1}) por isolados de leveduras e bactérias em caldo MRS modificado contendo 30 g de glucose litro^{-1} do caldo

S. No.	Time (h)	*Candida tropicalis* S1O1	*Kluyveromyces marxianus* S2O1	*Acetobacter tropicalis* S3O1	*Lactobacillus paracasei* subsp. *tolerans* S6O2
1.	24	12	24	80	19
2.	48	254	113	54	33
3.	72	412	480	75	504
4.	96	1079	480	504	861
5.	120	544	351	318	492
	SEd	4.65	4.23	2.13	8.01
	CD (0.05)	9.92	9.01	4.55	17.07

Tabela 6d. Secreção de metionina (µg ml^{-1}) por isolados de leveduras e bactérias em caldo MRS modificado contendo 40 g de glucose por litro^{-1} do caldo

S. No.	T.3ime (h)	*Candida tropicalis* S1O1	*Kluyveromyces marxianus* S2O1	*Acetobacter tropicalis* S3O1	*Lactobacillus paracasei* subsp. *tolerans* S6O2
1.	24	125	5	42	14
2.	48	56	5	108	61
3.	72	40	56	282	38
4.	96	284	529	659	221
5.	120	136	108	111	108
	SEd	2.98	4.57	3.30	0.64
	CD (0.05)	6.35	9.76	7.04	1.36

Tabela 7a. Secreção de metionina (µg ml⁻¹) por isolados de leveduras e bactérias em caldo MRS modificado contendo 0,5 g de citrato de triamónio litro⁻¹ do caldo

S. No.	Time (h)	*Candida tropicalis* S1O1	*Kluyveromyces marxianus* S2O1	*Acetobacter tropicalis* S3O1	*Lactobacillus paracasei* subsp. *tolerans* S6O2
1.	24	85	45	78	47
2.	48	136	123	294	178
3.	72	443	540	724	380
4.	96	874	993	1020	765
5.	120	856	798	912	612
	SEd	8.76	7.46	8.12	7.54
	CD (0.05)	18.69	15.90	17.32	16.07

Tabela 7b. Secreção de metionina (µg ml⁻¹) por isolados de leveduras e bactérias em caldo MRS modificado contendo 1,0 g de citrato de triamónio por litro⁻¹ do caldo

S. No.	Time (h)	*Candida tropicalis* S1O1	*Kluyveromyces marxianus* S2O1	*Acetobacter tropicalis* S3O1	*Lactobacillus paracasei* subsp. *tolerans* S6O2
1.	24	15	53	93	32
2.	48	112	193	293	170
3.	72	543	580	630	454
4.	96	843	1013	956	798
5.	120	643	699	730	540
	SEd	6.96	7.91	12.79	7.58
	CD (0.05)	14.83	16.86	27.27	16.15

Tabela 7c. Secreção de metionina (μg ml^{-1}) por isolados de leveduras e bactérias em caldo MRS modificado contendo 2,0 g de citrato de triamónio por litro^{-1} do caldo

S. No.	Time (h)	*Candida tropicalis* S1O1	*Kluyveromyces marxianus* S2O1	*Acetobacter tropicalis* S3O1	*Lactobacillus paracasei* subsp. *tolerans* S6O2
1.	24	149	234	191	112
2.	48	430	510	397	378
3.	72	776	749	658	554
4.	96	910	1094	1133	890
5.	120	670	798	879	577
	SEd	10.88	8.30	11.94	8.69
	CD (0.05)	23.18	17.69	25.44	18.52

Tabela 7d. Secreção de metionina (μg ml^{-1}) por isolados de leveduras e bactérias em caldo MRS modificado contendo 4,0 g de citrato de triamónio por litro^{-1} do caldo

S. No.	Time (h)	*Candida tropicalis* S1O1	*Kluyveromyces marxianus* S2O1	*Acetobacter tropicalis* S3O1	*Lactobacillus paracasei* subsp. *tolerans* S6O2
1.	24	213	154	217	178
2.	48	539	438	468	312
3.	72	819	876	618	643
4.	96	979	1173	1178	917
5.	120	812	943	789	682
	SEd	9.74	4.00	11.27	9.38
	CD (0.05)	20.77	8.53	24.04	20.00

Tabela 7e. Secreção de metionina (μg ml^{-1}) por isolados de leveduras e bactérias em caldo MRS modificado contendo 6,0 g de citrato de triamónio litro^{-1} do caldo

S. No.	Time (h)	*Candida tropicalis* S1O1	*Kluyveromyces marxianus* S2O1	*Acetobacter tropicalis* S3O1	*Lactobacillus paracasei* subsp. *tolerans* S6O2
1.	24	194	148	113	112
2.	48	324	412	390	283
3.	72	872	768	675	497
4.	96	983	1078	1013	789
5.	120	843	856	713	642
	SEd	11.59	6.94	10.73	4.61
	CD (0.05)	24.72	14.80	22.87	9.82

Tabela 7f. Secreção de metionina (μg ml^{-1}) por isolados de leveduras e bactérias em caldo MRS modificado contendo 8,0 g de citrato de triamónio litro^{-1} do caldo

S. No.	Time (h)	*Candida tropicalis* S1O1	*Kluyveromyces marxianus* S2O1	*Acetobacter tropicalis* S3O1	*Lactobacillus paracasei* subsp. *tolerans* S6O2
1.	24	112	96	134	74
2.	48	245	234	312	198
3.	72	567	613	710	387
4.	96	812	941	875	645
5.	120	540	745	712	437
	SEd	4.84	7.14	6.95	5.45
	CD (0.05)	10.32	15.23	14.82	11.62

Tabela 7g. Secreção de metionina (μg ml^{-1}) por isolados de leveduras e bactérias em caldo MRS modificado contendo 10,0 g de citrato de triamónio litro^{-1} do caldo

S. No.	Time (h)	Candida tropicalis S1O1	Kluyveromyces marxianus S2O1	Acetobacter tropicalis S3O1	Lactobacillus paracasei subsp. tolerans S6O2
1.	24	87	48	72	75
2.	48	289	167	192	176
3.	72	545	698	810	345
4.	96	769	910	769	678
5.	120	613	765	712	609
	SEd	8.41	8.94	10.98	5.18
	CD (0.05)	17.93	19.05	23.40	11.04

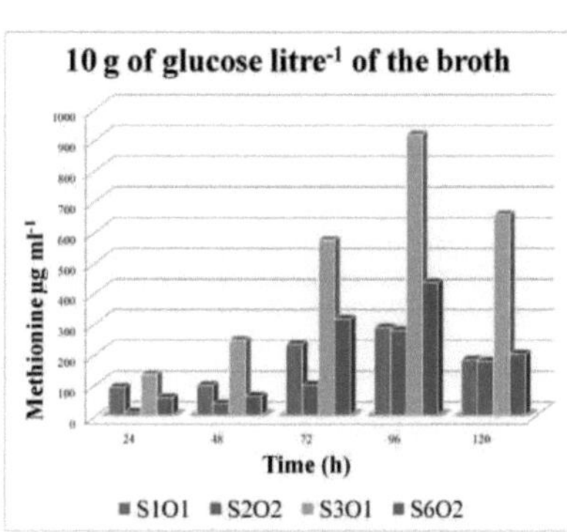

10 g of glucose litre⁻¹ of the broth

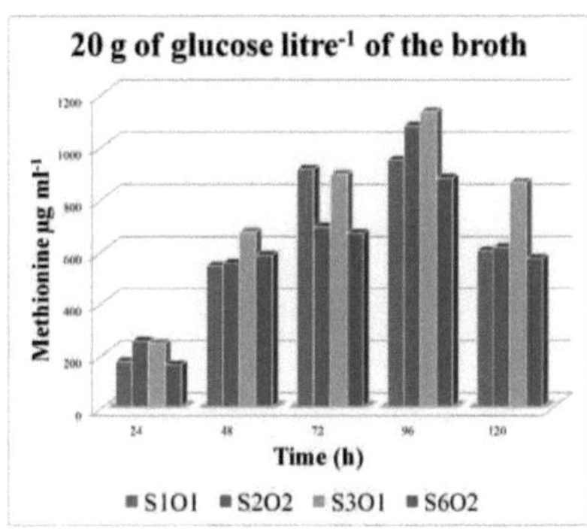

20 g of glucose litre⁻¹ of the broth

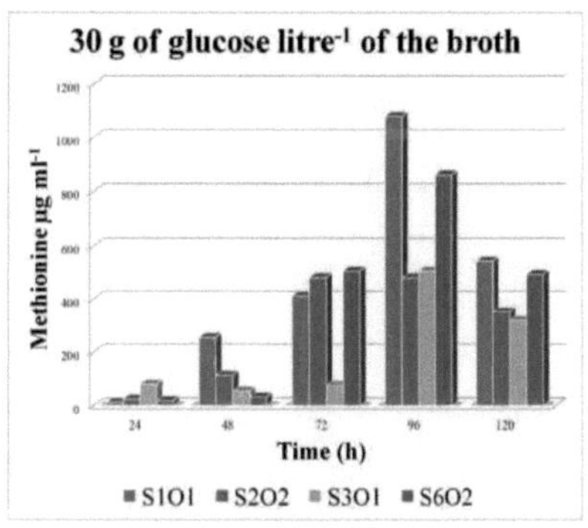

30 g of glucose litre⁻¹ of the broth

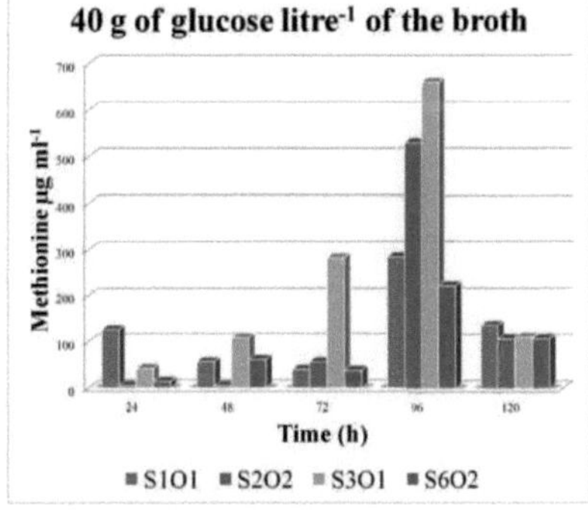

40 g of glucose litre⁻¹ of the broth

S1O1 - *Candida tropicalis* ;   S2O1 - *Kluyveromyces marxianus;*
S3O1 - *Acetobacter tropicalis* ; S6O2 - *Lactobacillus paracasei* subsp. *tolerans*

Fig. 5. Secreção de metionina por isolados de leveduras e bactérias em caldo MRS modificado contendo várias concentrações de glucose

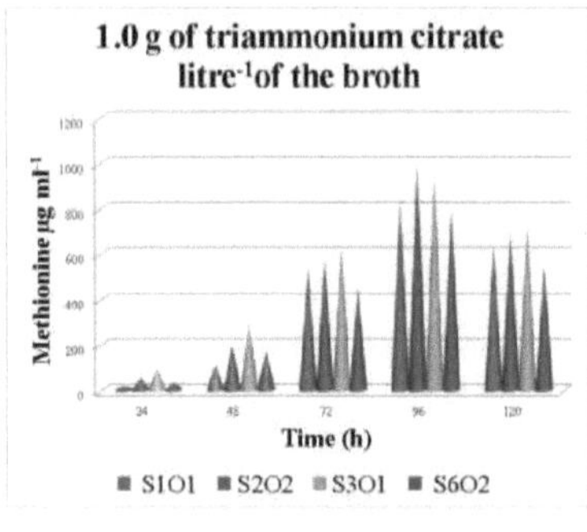

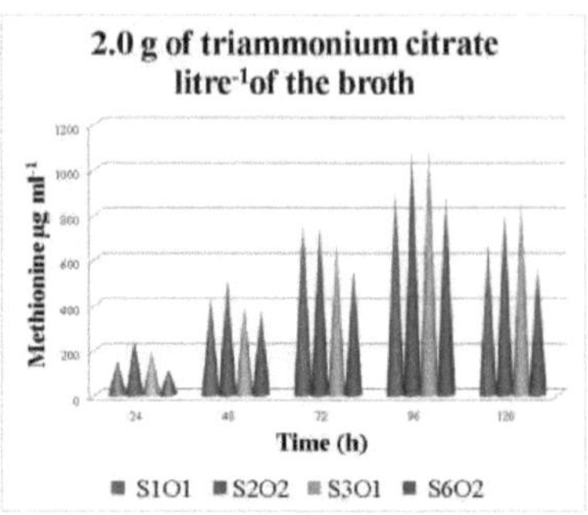

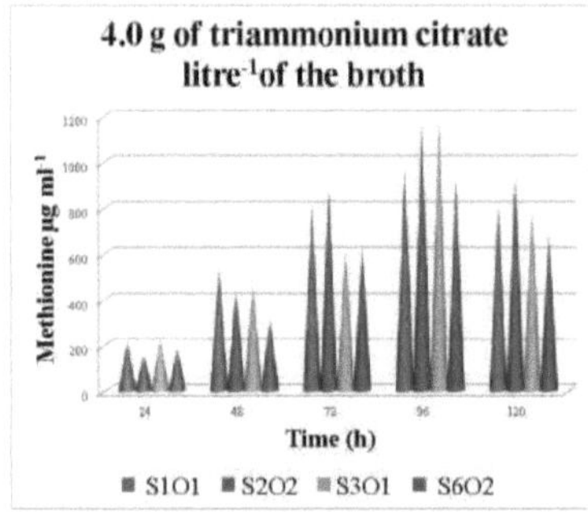

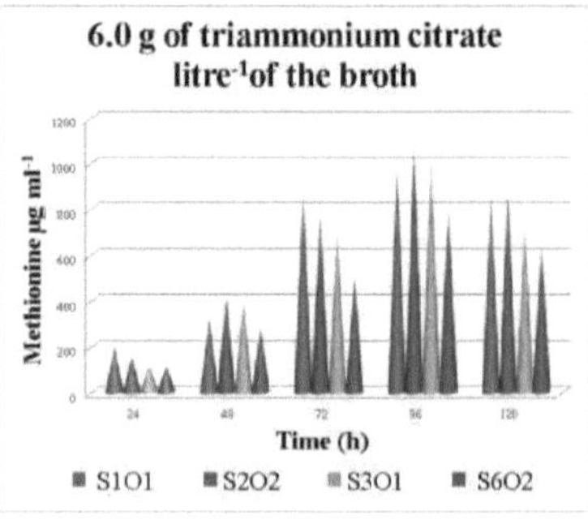

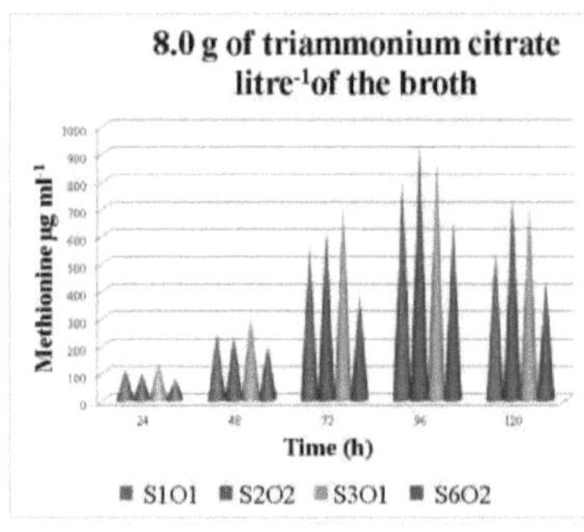

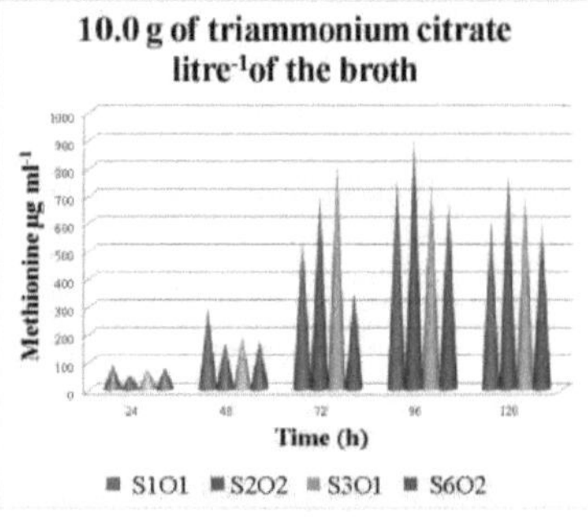

S1O1 - *Candida tropicalis* ;   S2O1 - *Kluyveromyces marxianus;*
S3O1 - *Acetobacter tropicalis* ; S6O2 - *Lactobacillus paracasei* subsp. *tolerans*

Fig. 6. Secreção de metionina por isolados de leveduras e bactérias em caldo MRS modificado sob várias concentrações de citrato de triamónio

1.1.3. Efeito do pH na secreção de metionina

O efeito de várias gamas de pH na secreção de metionina pelos isolados testados é apresentado nas Tabelas 8a, b, c, d, e e Fig. 7. A pH 4 e 5, todos os isolados, à exceção de *Candida tropicalis* S1O1, não segregaram metionina e *Candida tropicalis* S1O1 apresentou uma secreção de metionina de 254 µg ml^{-1} após 120 h de incubação a pH 5. A pH 6, a secreção de metionina foi mais elevada em *Candida tropicalis* S1O1 (1193 µg ml^{-1}), *Kluyveromyces marxianus* S2O1 (1243 µg ml^{-1}), *Acetobacter tropicalis* S3O1 (1245 µg ml^{-1}), *Lactobacillus paracasei* subsp. *tolerans* S6O2 (978 µg ml^{-1}) sugerindo o pH ótimo para a secreção de metionina pelos isolados de leveduras e bactérias.

1.1.4. Efeito da temperatura na secreção de metionina

Os isolados testados mostraram um crescimento significativo em todas as quatro temperaturas variáveis (24° C, 28° C, 32° C, 36° C) com uma preferência de 32° C para a secreção máxima de metionina. A secreção de metionina pelos isolados foi *Candida tropicalis* S1O1 (1134 µg ml^{-1}), *Kluyveromyces marxianus* S2O1 (1320 µg ml^{-1}), *Acetobacter tropicalis* S3O1 (1412 µg ml^{-1}), *Lactobacillus paracasei* subsp. *tolerans* S6O2 (1078 µg ml^{-1}) a 32° C. Após a otimização de vários parâmetros, a *Acetobacter tropicalis* S3O1 apresentou uma secreção máxima de metionina, seguida da *Kluyveromyces marxianus* S2O1. O resultado da temperatura para a secreção de metionina é apresentado nas Tabelas 9a, b, c, d e na Fig. 8.

4.6. Atividade hemolítica de isolados de leveduras e bactérias produtoras de metionina

A atividade hemolítica dos microrganismos secretores de metionina foi avaliada e apresentada na placa 8. Os isolados *Candida tropicalis* S1O1, *Kluyveromyces marxianus* S2O1, *Acetobacter tropicalis*, *Lactobacillus paracasei* subsp. *tolerans* quatro isolados não apresentaram qualquer crescimento em ágar-sangue, confirmando que estes organismos não eram patogénicos para o homem ou para os animais.

4.7. Atividade bacteriocina de isolados de leveduras e bactérias produtoras de metionina

Os resultados obtidos da experiência mostraram claramente que, entre os quatro isolados secretores de metionina, apenas *Acetobacter tropicalis* S3O1 exibiu uma boa atividade bacteriocina contra *Bacillus cereus* MTCC 1272 com uma zona de inibição de 12 mm (Quadro 10 e Placa 9). *Staphylococcus aureus* supsp. *aureus* MTCC 1144 também foi inibido por *Acetobacter tropicalis* S3O1 com uma zona de inibição de 8 mm.

Tabela 8a. Secreção de metionina (µg ml⁻¹) por isolados de leveduras e bactérias em caldo MRS modificado a pH 5

S. No.	Time (h)	*Candida tropicalis* S1O1	*Kluyveromyces marxianus* S2O1	*Acetobacter tropicalis* S3O1	*Lactobacillus paracasei* subsp. *tolerans* S6O2
1.	24	005	ND	ND	ND
2.	48	045	ND	ND	ND
3.	72	183	ND	ND	ND
4.	96	234	ND	ND	ND
5.	120	254	ND	ND	ND
	SEd	2.35	-	-	-
	CD (0.05)	5.00	-	-	-

ND - Não detectado

Tabela 8b. Secreção de metionina (µg ml⁻¹) por isolados de leveduras e bactérias em caldo MRS modificado a pH 6

S. No.	Time (h)	*Candida tropicalis* S1O1	*Kluyveromyces marxianus* S2O1	*Acetobacter tropicalis* S3O1	*Lactobacillus paracasei* subsp. *tolerans* S6O2
1.	24	145	134	121	064
2.	48	234	372	495	328
3.	72	543	439	672	542
4.	96	1193	1243	1245	978
5.	120	856	1057	1123	810
	SEd	10.07	11.39	8.54	10.17
	CD (0.05)	21.48	24.28	18.21	21.67

**Tabela 8c. Secreção de metionina (μg ml^{-1}) por isolados de leveduras e bactérias em caldo MRS modificado
a pH 7**

S. No.	Time (h)	*Candida tropicalis* S1O1	*Kluyveromyces marxianus* S2O1	*Acetobacter tropicalis* S3O1	*Lactobacillus paracasei* subsp. *tolerans* S6O2
1.	24	173	190	210	150
2.	48	63	480	563	612
3.	72	790	832	930	756
4.	96	1043	1145	1213	965
5.	120	760	960	1096	834
	SEd	10.70	13.35	15.37	12.52
	CD (0.05)	22.82	28.46	32.76	26.69

**Tabela 8d. Secreção de metionina (μg ml^{-1}) por isolados de leveduras e bactérias em caldo MRS modificado
a pH 8**

S. No.	Time (h)	*Candida tropicalis* S1O1	*Kluyveromyces marxianus* S2O1	*Acetobacter tropicalis* S3O1	*Lactobacillus paracasei* subsp. *tolerans* S6O2
1.	24	125	005	42	14
2.	48	056	005	108	61
3.	72	040	56	282	38
4.	96	284	529	659	221
5.	120	214	324	610	211
	SEd	3.27	2.38	5.59	2.64
	CD (0.05)	6.97	5.08	11.91	5.63

Tabela 8e. Secreção de metionina (μg ml^{-1}) por isolados de leveduras e bactérias em caldo MRS modificado
a pH 9

S. No.	Time (h)	*Candida tropicalis* S1O1	*Kluyveromyces marxianus* S2O1	*Acetobacter tropicalis* S3O1	*Lactobacillus paracasei* subsp. *tolerans* S6O2
1.	24	ND	ND	125	14
2.	48	ND	ND	056	61
3.	72	ND	ND	140	38
4.	96	ND	ND	284	221
5.	120	ND	ND	198	139
	SEd	-	-	2.49	0.84
	CD (0.05)	-	-	5.30	1.79

ND - Não detectado

Tabela 9a. Secreção de metionina (μg ml^{-1}) por isolados de leveduras e bactérias em caldo MRS modificado
a 24 C^{o}

S. No.	Time (h)	*Candida tropicalis* S1O1	*Kluyveromyces marxianus* S2O1	*Acetobacter tropicalis* S3O1	*Lactobacillus paracasei* subsp. *tolerans* S6O2
1.	24	124	145	183	78
2.	48	256	382	269	154
3.	72	435	512	439	286
4.	96	889	719	1023	765
5.	120	658	695	945	638
	SEd	5.02	7.46	10.17	6.20
	CD (0.05)	10.70	15.92	21.68	13.22

Tabela 9b. Secreção de metionina (μg ml^{-1}) por isolados de leveduras e bactérias em caldo MRS modificado a 28 C^{o}

S. No.	Time (h)	*Candida tropicalis* S1O1	*Kluyveromyces marxianus* S2O1	*Acetobacter tropicalis* S3O1	*Lactobacillus paracasei* subsp. *tolerans* S6O2
1.	24	178	293	201	134
2.	48	613	578	398	435
3.	72	845	867	801	765
4.	96	1098	1012	1223	875
5.	120	761	812	991	619
	SEd	7.56	9.76	15.62	10.54
	CD (0.05)	16.12	20.81	33.31	22.47

Tabela 9c. Secreção de metionina (μg ml^{-1}) por isolados de leveduras e bactérias em caldo MRS modificado a 32 C^{o}

S. No.	Time (h)	*Candida tropicalis* S1O1	*Kluyveromyces marxianus* S2O1	*Acetobacter tropicalis* S3O1	*Lactobacillus paracasei* subsp. *tolerans* S6O2
1.	24	129	83	103	68
2.	48	532	611	438	210
3.	72	845	932	845	740
4.	96	1134	1320	1412	1078
5.	120	983	1274	1198	863
	SEd	10.16	14.46	10.04	8.70
	CD (0.05)	21.65	30.83	21.42	18.54

Tabela 9d. Secreção de metionina (µg ml^{-1}) por isolados de leveduras e bactérias em caldo MRS modificado a 36 C°

S. No.	Time (h)	*Candida tropicalis* S1O1	*Kluyveromyces marxianus* S2O1	*Acetobacter tropicalis* S3O1	*Lactobacillus paracasei* subsp. *tolerans* S6O2
1.	24	145	101	185	139
2.	48	553	348	412	490
3.	72	890	641	813	752
4.	96	893	1014	1051	893
5.	120	764	803	815	793
	SEd	12.28	10.78	12.29	10.75
	CD (0.05)	26.18	22.98	26.21	22.92

Tabela 10. Atividade bacteriocina dos microrganismos produtores de metionina contra estirpes bacterianas patogénicas

Isolate	Bacteriocin activity			
	Bacillus cereus MTCC 1272	*Escherichia coli* MTCC 2622	*Listeria monocytogenes* MTCC 1143	*Staphylococcus aureus* supsp. *aureus* MTCC 1144
Candida tropicalis S1O1	–	–	–	–
Kluyveromyces marxianus S2O1	–	–	–	–
Acetobacter tropicalis S3O1	++	–	–	+
Lactobacillus paracasei subsp. *tolerans* S6O2	–	–	–	–

+ - zona de inibição abaixo e até 8 mm; ++ - zona de inibição acima de 8 mm;

- nenhuma zona de inibição

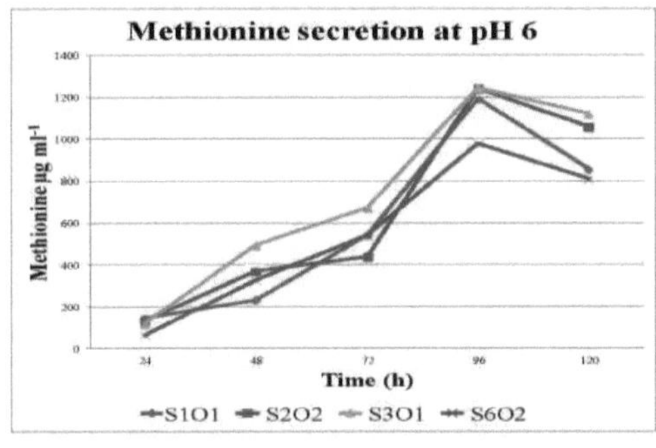

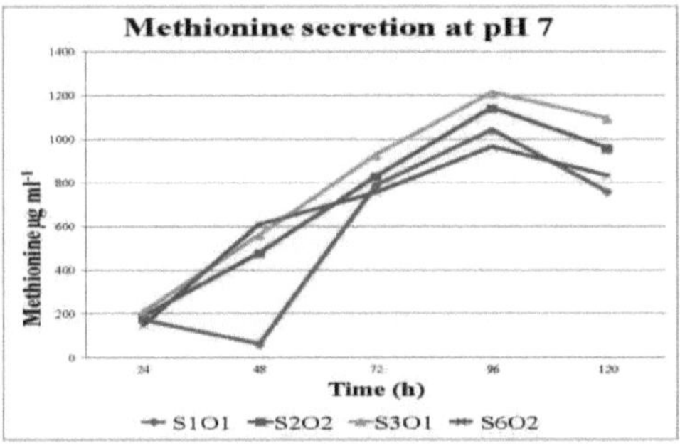

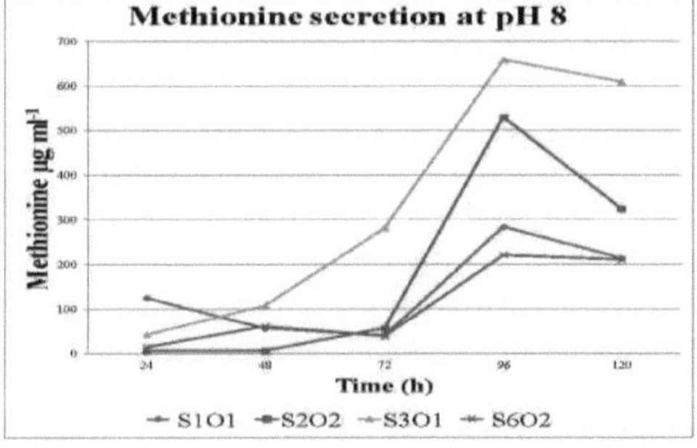

S1O1 - *Candida tropicalis* ;   S2O1 - *Kluyveromyces marxianus;*
S3O1 - *Acetobacter tropicalis* ; S6O2 - *Lactobacillus paracasei* subsp. *tolerans*

Fig. 7. Secreção de metionina por isolados de leveduras e bactérias em caldo MRS modificado a vários pH

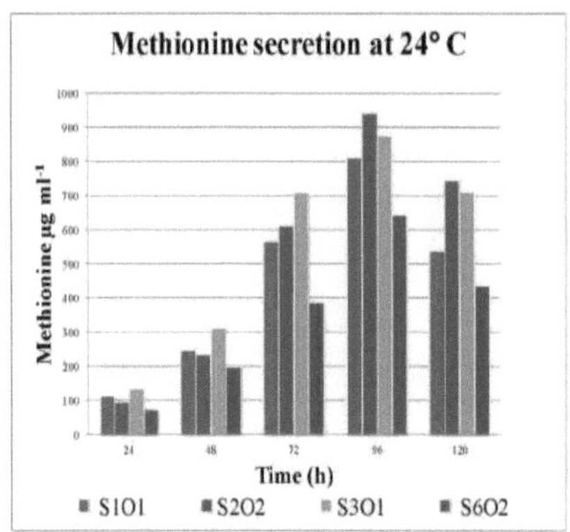

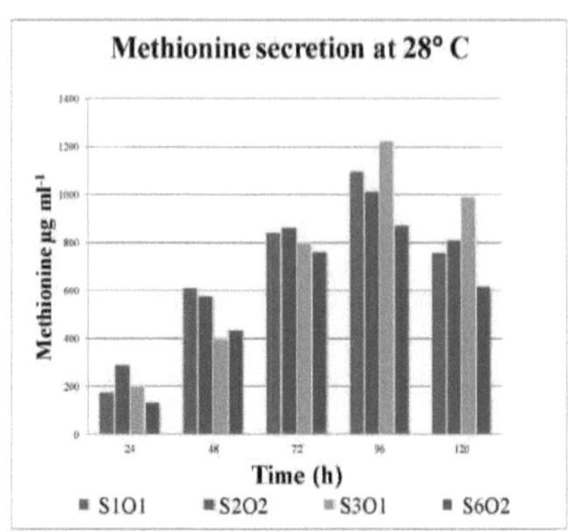

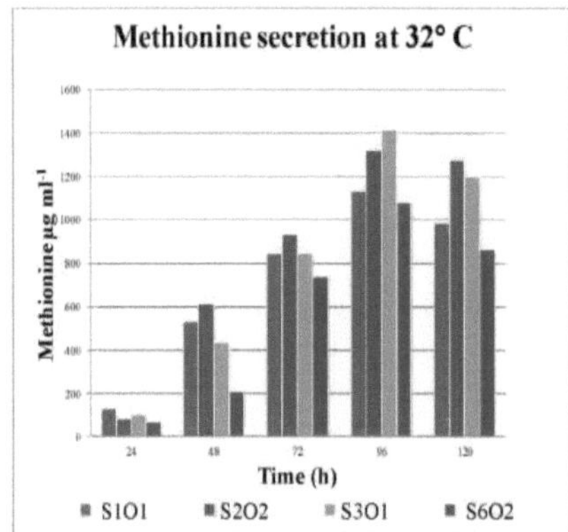

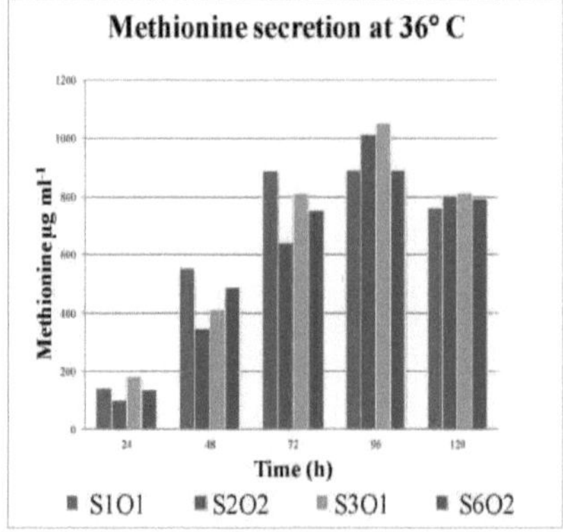

S1O1 - *Candida tropicalis* ;   S2O1 - *Kluyveromyces marxianus;*
S3O1 - *Acetobacter tropicalis* ; S6O2 - *Lactobacillus paracasei* subsp. *tolerans*

Fig. 8. Secreção de metionina por isolados de leveduras e bactérias em caldo MRS modificado a várias temperaturas

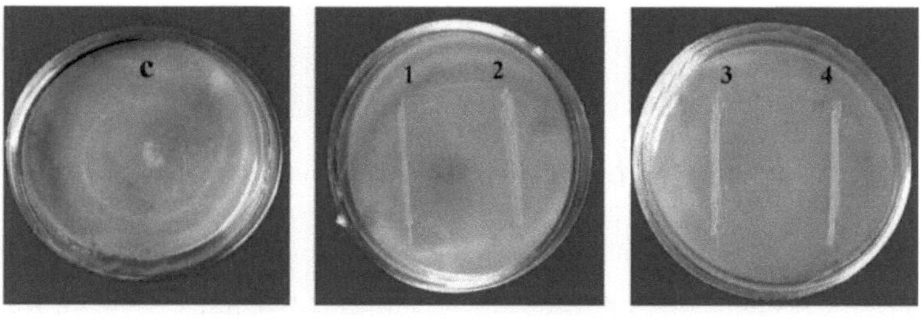

C – control; 1 – S1O1; 2 – S2O1; 3 – S3O1; 4 – S6O2

Placa 8. Atividade hemolítica dos isolados secretores de metionina

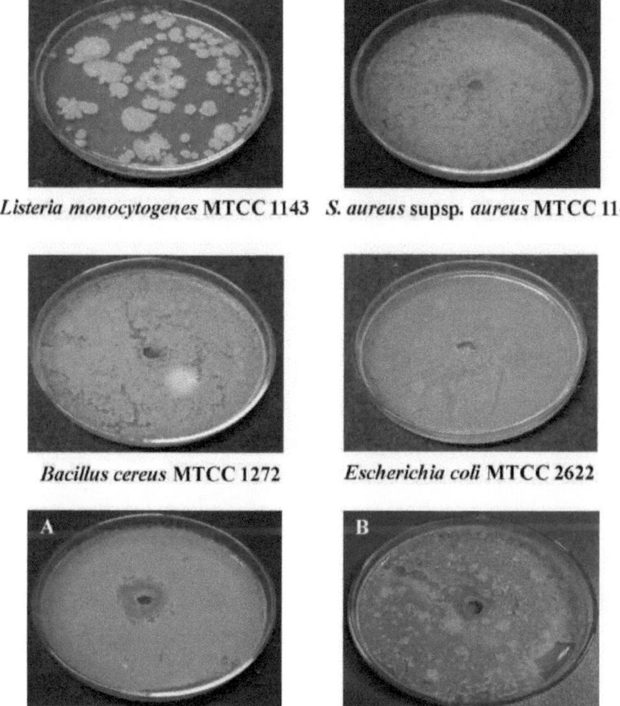

Listeria monocytogenes MTCC 1143   *S. aureus* supsp. *aureus* MTCC 1144

Bacillus cereus MTCC 1272   *Escherichia coli* MTCC 2622

Placa 9. Atividade bacteriocina de *Acetobacter tropicalis* S3O1 contra *Bacillus cereus* MTCC 1272 (A); *Staphylococcus aureus* supsp. *aureus* MTCC 1144 (B).

CAPÍTULO 5

DISCUSSÃO

5.1. Isolamento de microrganismos secretores de metionina

No presente estudo, foram isolados microrganismos produtores de metionina de 20 amostras de resíduos industriais de queijo, requeijão, iogurte e sagu, utilizando um meio MRS modificado (sem extrato de levedura). O queijo, os ovos, o peixe, o feijão-de-lima, o leite e os produtos lácteos são boas fontes de bactérias produtoras de aminoácidos (Rowbury, 1964; Patte e Bros 1967; Umbarger, 1969; Morinaga *et al.*, 1996). Neste estudo, 139 isolados de resíduos industriais de sagu, 25 isolados de coalhada, 14 isolados de iogurte e 8 isolados de queijo foram analisados quanto à secreção de metionina. Culturas de *Lactobacillus* e leveduras produtoras de lisina e metionina foram isoladas por Odunfa *et al.* (2001) em meio MRS de diferentes alimentos processados. Flavin *et al.* (1964) estudaram a biossíntese de metionina em *Salmonella typhimurium* isolada de resíduos industriais. *A Corynebacterium* produtora de metionina foi registada por Kase e Nakayama (1975) e *a Brevibacterium flavum* por Ozaki e Shiio (1982). Auger *et al.* (2002) discutiram a biossíntese de metionina e a sua regulação na estirpe bacteriana *Bacillus subtilis* isolada do solo. Ruckert *et al.* (2003) estudaram a biossíntese de metionina em *Corynebacterium glutamicum* isolada de amostras de queijo.

5.2. Rastreio dos microrganismos quanto à secreção de metionina

Todos os 186 isolados foram analisados por meio de cromatografia em papel e apenas quatro isolados (2,15%), como S1O1, S2O1, S3O1 e S6O2, obtidos a partir de resíduos industriais de sagu, eram capazes de segregar metionina. *Lactobacillus plantarum*, *Lactobacillus* sp., *Leuconostoc* sp., *Corynebacterium* sp. e *Bacillus* sp. capazes de segregar metionina foram isolados anteriormente de resíduos de mandioca (sagu) (Anike e Okafor, 2008). Odunfa *et al.* (2001) relataram que 25,0 por cento de *Lactobacillus* e 87,8 por cento de leveduras em *Ogi* produziam metionina. Nwachukwu e Ekwealor (2009), ao analisarem 245 actinomicetos isolados de solos da Nigéria para a produção de metionina por cromatografia em papel, verificaram que apenas um isolado de *Streptomyces* spp. SP-05 produzia metionina 3,72 mg ml⁻¹ .

5.3. Ensaio quantitativo da produção de metionina pelos isolados

Sabe-se que certas bactérias excretam aminoácidos que se acumulam no meio. Os aminoácidos produzidos podem ser testados por diferentes técnicas que avaliam a composição de aminoácidos ou o conteúdo de proteínas, péptidos e outros componentes farmacêuticos (Seeley e Van Demark, 1987). Os isolados S1O1, S2O1, S3O1 e S6O2 apresentaram um rendimento máximo de metionina de 930, 1003, 1150 e 853 µg ml⁻¹ no caldo MRS modificado após 96 h de incubação, respetivamente. Seis isolados capazes de acumular metionina numa gama de 0,46 - 1,40 mg ml⁻¹ por fermentação submersa foram relatados anteriormente por Ozulu *et al.* (2012). Kitamoto e Nakahara (1994) observaram um rendimento de metionina de 14,2 mg g⁻¹ do substrato pelo isolado de levedura *Kluyveromyces lactis* IPU 126. O ensaio quantitativo de diferentes estirpes de *Bacillus*, como o *Bacillus cereus* RS 16, mostrou a quantidade mais elevada de 1,84 mg ml⁻¹ de metionina após 96 horas, enquanto *o Bacillus cereus* AS-9 apresentou a menor quantidade de 1,21 mg ml⁻¹ de metionina (Dike e Ekwealor, 2012).

No presente estudo, a secreção de metionina foi abruptamente reduzida após 96 h, o que pode dever-se à utilização de metionina como fonte de carbono e azoto pelos isolados. Li *et al.* (2011) investigaram vários microrganismos ruminais capazes de utilizar a metionina e a lisina como única fonte de carbono e azoto. Dias e Weimer (1998) relataram que as bactérias do ácido lático (LAB) convertem mal a L-metionina em compostos de enxofre voláteis. A via catabólica distinta da L-metionina nas bactérias secretoras de metionina *Geotrichum candidum* e *Brevibacterium linens* foi ilustrada de forma elaborada por Arfi *et al.* (2005).

5.4. Caracterização dos microrganismos secretores de metionina

As bactérias produtoras de aminoácidos podem ser caracterizadas com sucesso utilizando os testes morfológicos e bioquímicos (Benson, 2002). No presente estudo, os isolados S1O1 e S2O1 foram tentativamente identificados como leveduras por caraterização morfológica e bioquímica, enquanto os isolados S3O1 e S6O2 foram identificados como bactérias. Roy *et al.* (1984), num estudo semelhante, identificaram provisoriamente *Bacillus mageterium* capaz de segregar metionina através de caraterização bioquímica. A assimilação de açúcar e a fermentação de açúcar foram observadas nos isolados S1O1 e S2O1. Hakim *et al.*, (2013) relataram que a formação de tubo germinativo, fermentação de açúcar e assimilação de açúcar eram características típicas de *Candida* spp. A fermentação e assimilação de açúcar eram testes necessários e importantes para a identificação de espécies de leveduras (Finegold e Baron, 1986). Anteriormente, Anike e Okafor (2008) observaram os caracteres morfológicos e fisiológicos de microrganismos secretores de metionina e identificaram *Lactobacillus plantarum, Lactobacillus* sp., *Leuconostoc* sp., *Corynebacterium* sp. e *Bacillus* sp. referindo-se ao manual de bacteriologia sistemática de Bergey.

Os isolados secretores de metionina foram identificados a nível molecular utilizando a sequenciação dos genes 18S rDNA e 16S rDNA. Os isolados secretores de metionina S1O1 e S2O1 apresentaram uma estreita semelhança com *Candida tropicalis* e *Kluyveromyces marxianus*, respetivamente. De acordo com Aida e Fujli (1958), apenas as bactérias das famílias *Enterobacteriaceae, Pseudomonadaceae* e *Bacillaceae* podem ser boas produtoras de aminoácidos, facto que foi posteriormente refutado por Kitamoto e Nakahara (1994). Brigidi *et al.* (1988) caracterizaram leveduras secretoras de metionina através da sequência de nucleótidos 18S rRNA e identificaram-nas como *Saccharomyces cerevisiae* e *Kluyveromyces lactis* IPU126. A caraterização molecular das bactérias secretoras de metionina revelou que os isolados S3O1 e S6O2 estavam estreitamente relacionados com *Acetobacter tropicalis* e *Lactobacillus paracasei* subsp. *tolerans*, respetivamente. Com base nas sequências de nucleótidos do 16S rRNA, foram anteriormente identificadas 4 bactérias produtoras de aminoácidos como *Bacillus anthracis, Bacillus cereus, Escherichia coli* H e *Escherichia coli* M2 (Shakoori *et al.*, 2012).

5.5. Otimização das condições de fermentação para a secreção de metionina

Kinoshita *et al.* (1957) referiram que os processos de fermentação para a produção de vários outros aminoácidos essenciais e não essenciais são muito importantes. Desde então, foi isolado um certo número de microrganismos capazes de produzir aminoácidos e a produção de aminoácidos tornou-se um aspeto importante da microbiologia industrial. Aminoácidos como a lisina, a treonina, a isoleucina e a histidina foram produzidos com sucesso através de diferentes tipos de processos de fermentação (Fan *et al.*, 1988; Leuchtenberg, 1996; Okamoto e Ikeda, 2000), mas a fermentação da metionina ainda não foi comercializada, como afirmam Kumar *et al.* (2003). Mas, atualmente, as condições de fermentação foram optimizadas para a produção de aminoácidos como a lisina e a metionina e comercializadas com sucesso (Shakoori *et al.*, 2012). Os requisitos específicos de crescimento dos microrganismos e a sua disponibilidade são fundamentais para a conceção da composição do meio de crescimento. Qualquer desvio em relação a determinados requisitos pode resultar em baixo rendimento ou produtividade (Casida, 1993). Por conseguinte, o meio de crescimento dos isolados secretores de metionina foi optimizado no presente estudo para obter a máxima secreção de metionina.

A glucose é a fonte de carbono mais utilizada nos meios de fermentação (Kase e Nakayama, 1975; Chattopadhyay *et al.*, 1995). No presente estudo, a secreção de metionina pelos microrganismos de elite em concentrações variáveis de glucose confirmou que o meio alterado com 10 g l^{-1} glucose resultou numa baixa secreção de metionina, ao passo que o aumento da concentração de glucose acima de 20 g l^{-1} melhorou a secreção de metionina em todos os isolados. O isolado bacteriano *Acetobacter tropicalis* S3O1 apresentou uma secreção máxima de metionina de 1130 µg ml^{-1} a 20 g l^{-1} de glucose, ao passo que o isolado de levedura *Candida tropicalis* S1O1 apresentou uma maior secreção de metionina (1079 µg ml^{-1}) em caldo MRS com 30 g l^{-1} de glucose, o que prova que o isolado tem maior tolerância ao açúcar. Enzimas como a isocitrato desidrogenase específica do fosfato de nicotinamida adenina dinucleótido (NADP), que pode funcionar eficazmente a baixos níveis de atividade da água (ou altas concentrações de soluto), são predominantes em certas espécies de *Candida* e *Saccharomyces*, oferecendo mais tolerância ao açúcar a estas leveduras (Brown, 1974). O aumento da concentração de açúcar acima de 20 g l^{-1} reduziu igualmente a secreção de metionina em *Kluyveromyces marxianus* S2O1, *Acetobacter tropicalis* S3O1, *Lactobacillus paracasei* subsp. *tolerans* S6O2. Anteriormente, Kase e Nakayama (1975) observaram resultados semelhantes: o aumento das concentrações de glucose de 25 g l^{-1} para 30 g l^{-1} do meio acabou por aumentar a secreção de metionina de 340 mg l^{-1} para 537 mg l^{-1} no caso da *Corynebacterium glutamicum*.

A influência das variações nas concentrações de citrato de triamónio não mostrou qualquer aumento na secreção de metionina até 2 g l^{-1}. No entanto, o aumento da concentração para 4 g l^{-1} de citrato de triamónio aumentou significativamente a secreção de metionina nos quatro isolados. Além disso, o aumento do citrato de triamónio acabou por reduzir a secreção de metionina por todas as culturas. Nwachukwu e Ekwealor (2009) referiram que uma estirpe de *Streptomyces* SP-05 segregou 3,72 µg ml^{-1} de metionina no caldo de cultura quando foram adicionados 8% (p/v) de sacarose e 6% (p/v) de cloreto de amónio. Uma concentração de azoto superior a 4 g l^{-1} e uma concentração de glucose superior a 20 g l^{-1} no caldo de cultura afectaram negativamente o crescimento e a secreção de metionina. O aumento da concentração de azoto acima do valor ótimo teria um efeito adverso nas bactérias secretoras de metionina devido à pressão osmótica exercida (Pham *et al.*, 1992). Lee e Hwang, 2003, observaram um aumento da secreção de metionina para 10% quando a concentração de citrato de amónio no meio de crescimento foi aumentada de 4 g l^{-1} para 6 g l^{-1}. Resultados semelhantes foram obtidos por Sabitha *et al.* (2012) sobre a otimização das concentrações de carbono e azoto para a secreção máxima de metionina pela estirpe *Streptomyces* SP-05.

As variações do pH do meio desempenham um papel importante na secreção de metabolitos primários. O pH do meio de fermentação foi alterado para observar a tendência dos microrganismos isolados neste estudo para produzir metionina no meio. A pH 4 e 5, todos os isolados, exceto *Candida tropicalis* S1O1, não segregaram metionina e *Candida tropicalis* S1O1 mostrou uma secreção considerável de metionina de 254 µg ml^{-1} após 120 h de incubação. Isto mostrou claramente que o fungo de levedura secretor de metionina, *Candida tropicalis* S1O1, era mais tolerante a um pH mais baixo em comparação com outros isolados. O pH 6 foi considerado o mais ótimo para a secreção de metionina pelos isolados de leveduras e bactérias. A pH 8 e 9, apenas os isolados bacterianos apresentaram uma secreção significativa de metionina. Foi examinado o efeito de vários pH na produção de metionina por *C. glutamicum* e verificou-se que o pH 7 era o mais adequado para a secreção máxima de metionina (Venkata Narayana *et al.*, 2013).

Observou-se que a temperatura e o período de incubação têm um grande impacto no crescimento e na capacidade de produção de aminoácidos das estirpes isoladas. Os isolados de leveduras e bactérias segregaram uma quantidade detetável de metionina em todas as quatro temperaturas (24° C, 28° C, 32° C, 36° C) e a 32° C os organismos mostraram uma secreção máxima de metionina. As variações na secreção de metionina por isolados de leveduras e bactérias antes e depois da otimização das condições de fermentação provaram claramente que as modificações nas condições nutricionais e ambientais dos microrganismos podem aumentar a secreção de aminoácidos, em especial de metionina, em condições de fermentação. Num estudo anterior, Venkata Narayana *et al.* (2013) indicaram que a temperatura óptima para *C. glutamicum* era de 30° C para segregar mais metionina. Na presente investigação, a composição óptima do meio de fermentação foi obtida como glucose 20,0 g, peptona 10,0 g, extrato de carne de bovino 8,0 g, acetato de sódio 5,0 g, K2HPO4 2,0 g, citrato de triamónio 4,0 g, MgSO4.7H2O 0,2 g, MnSO4.4H2O 0,05 g, tween80 1.0 ml , H2O destilada 1000 ml, pH - 6,0 ± 0,2 a 32° C e 120 rpm para maximizar a secreção de metionina pelos isolados de levedura (*Candida tropicalis* S1O1 e *Kluyveromyces marxianus* S2O1) e de bactéria (*Acetobacter tropicalis* S3O1 e *Lactobacillus paracasei* subsp. *tolerans* S6O2).

5.6. Atividade hemolítica de isolados de leveduras e bactérias produtoras de metionina

A maioria dos alimentos naturais, como as proteínas do trigo ou do milho, os grãos de soja e as farinhas de peixe, são deficientes em metionina, lisina e treonina. Por conseguinte, estas bactérias produtoras de aminoácidos poderiam ser utilizadas como aditivos nos alimentos para animais (Keshavarz *et al.*, 2003; Noftsger *et al.*, 2003). Por conseguinte, as estirpes de metionina isoladas têm de ser verificadas quanto à sua atividade patogénica. As estirpes patogénicas de *Candida albicans* e *Candida tropicalis* foram bem documentadas em vários relatórios anteriores (El-Eraqy, 1990; Krukowski *et al.*, 2001; Mukherjee *et al.*, 2003). Os isolados secretores de metionina *Candida tropicalis* S1O1, *Kluyveromyces marxianus* S2O1, *Acetobacter tropicalis* S3O1, *Lactobacillus paracasei* subsp. *tolerans* S6O2 obtidos neste estudo não hidrolisaram o sangue (sem hemólise ou **γ-hemólise**), o que indica que estes isolados não eram patogénicos para o ser humano ou para os animais.

5.7. Atividade bacteriocina de isolados de leveduras e bactérias produtoras de metionina

As bacteriocinas são proteínas antibacterianas produzidas por bactérias que matam ou inibem o crescimento de outras bactérias relacionadas. As bacteriocinas são produzidas durante a fase logarítmica, o que normalmente as diferencia de outros compostos antimicrobianos (Cleveland *et al.*, 2001). Bizani e Brandelli (2002) relataram bacteriocinas de *Bacillus* sp. estirpe 8A capazes de inibir o crescimento de agentes patogénicos nocivos. Do mesmo modo, foram identificadas bacteriocinas resistentes a altas temperaturas em *Enterococcus feacalis*, *E. faecium* e *Lactococcus lactis* (Elotmani *et al.*, 2002). Neste estudo, os sobrenadantes das culturas com 24 horas de idade dos isolados secretores de metionina *Candida tropicalis* S1O1, *Kluyveromyces marxianus* S2O1, *Acetobacter tropicalis* S3O1, *Lactobacillus paracasei* subsp. *tolerans* S6O2 foram testados quanto à atividade das bacteriocinas. Entre os quatro isolados produtores de metionina, *Acetobacter tropicalis* S3O1exibiu uma boa atividade de bacteriocina contra os agentes patogénicos humanos *Bacillus cereus* MTCC 1272 e *Staphylococcus aureus* supsp. *aureus* MTCC 1144 com a zona de inibição acima de 12 mm e 8 mm, respetivamente. Diferentes espécies capazes de produzir bacteriocinas foram já registadas por vários investigadores (Klaenhammer 1993, Georgalaki *et al.*, 2002; Sharma e Gautham, 2008). Tanto quanto é do nosso conhecimento, não foi comunicada a produção de bacteriocinas por estirpes secretoras de metionina. Este estudo foi o primeiro a comunicar a atividade de bacteriocina de estirpes secretoras de metionina.

CAPÍTULO 6

RESUMO

A presente investigação centrou-se no desenvolvimento de um consórcio microbiano eficiente de microrganismos produtores de metionina e etileno para o amadurecimento de frutos. Os principais resultados da investigação estão resumidos abaixo.

J Entre os 186 isolados das 20 amostras diferentes, tais como coalhada, queijo, iogurte e resíduos de sagu, apenas quatro isolados (2,15%), nomeadamente S1O1, S2O1, S3O1 e S6O2 de resíduos de sagu, foram capazes de segregar metionina a níveis significativos.

J O ensaio quantitativo dos isolados S1O1, S2O1, S3O1 e S6O2 mostrou um rendimento máximo de metionina de 930, 1003, 1150 e 853 µg ml^{-1} , respetivamente, em caldo MRS modificado após 96 h de incubação, respetivamente.

J A caraterização morfológica, bioquímica e molecular confirmou que os isolados secretores de metionina S1O1, S2O1, S3O1 e S6O2 eram *Candida tropicalis, Kluyveromyces marxianus, Acetobacter tropicalis* e *Lactobacillus paracasei* subsp. *tolerans*, respetivamente.

J Após a otimização de vários parâmetros como concentrações de glucose, concentrações de azoto, pH e temperatura, a secreção de metionina aumentou para cerca de 1134 µg ml^{-1} , 1320 µg ml^{-1} , 1412 µg ml^{-1} , 1078 µg ml^{-1} em *Candida tropicalis* S1O1, *Kluyveromyces marxianus* S2O1, *Acetobacter tropicalis* S3O1, *Lactobacillus paracasei* subsp. *tolerans* S6O2 em caldo MRS modificado.

J A atividade hemolítica dos isolados secretores de metionina confirmou que estes organismos não eram patogénicos para o homem ou para os animais. O isolado *Acetobacter tropicalis* S3O1 apresentou uma boa atividade bacteriocina contra

Bacillus cereus MTCC 1272 e *Staphylococcus aureus* supsp. *aureus* MTCC 1144.

REFERÊNCIAS

Aida, H. e M. Fujli. 1958. Methionine a novel aminoacid. In: Simpósio sobre fermentação de aminoácidos. **J. Agr. chem. soc., pp:** 94-95.

Aneja, K. R. 1996. Produção de enzimas pectinolíticas. In: **Experiments in microbiology, plant pathology, tissue cultures and mushroom cultivation**, Wishwa prakashan new age International Ltd., New Delhi, pp. 195-197.

Anike, N. e N. Okafor. 2008. Secreção de metionina por microrganismos associados à fermentação da mandioca. **Afr. J. food Nutr. Dev.,** 8:77-90.

Anónimo. 2010. Amadurecimento uniforme a granel de manga, banana e mamão. In: **Boletim informativo do ICAR. 15:** 1.

Arfi, K., M. N. L. Perlat, H. E. Spinnler e P. Bonnarme. 2005. Importância da levedura neutralizadora da coalhada no potencial aromático de *Brevibacterium linens* durante a maturação do queijo. **Int. Dairy J. 15:**883-891.

Auger, S., W. H. Yuen, A. Danchin e I. Martin-Verstraete. 2002. O operão metic envolvido na biossíntese de metionina em *Bacillus subtilis* é controlado pela antiterminação da transcrição. **Microbiologia, 148:**507 - 18.

Banik, A. K. e S. K. Majumdar.1974. Estudos sobre a fermentação da metionina: Seleção de mutantes de *Micrococcus glutamicus* e condições óptimas para a produção de metionina. **Indian J. Exp. Biol., 12:**363-365.

Barrett, G. C. 1985. Aminoácidos. In: **Chemistry and Biochemistry of the Amino Acids**, Chapman and Hall publishers. Nova Iorque. p. 14.

Benson, H.J. 2002. Microbiological Applications. 8ª ed., Mc-Graw Hill, Nova Iorque. Mc-Graw Hill, Nova Iorque. pp:45-56.

Brigidi, P., D. Matteuzzi e F. Fava.1988. Utilização da fusão de protoplastos para introduzir a sobreprodução de metionina em *Saccharomyces cerevisiae*. **Appl. Microbiol.**

Brown, M. e J. Dilworth. 1975. Ammonia assimilation by Rhizobium cultures and bacteroids. **J. Gen. Microbiol, 86:** 39-48.

Casida, l.E. 1993. Meio de fermentação. In: **Microbiologia Industrial**. 2ª ed. H.S. Poplaifor Wiley Eastern Limited, pp. 33-35.

Chattopadhyay, M. K., A. K. Ghosh , S. Sengupta e D. Sengupta. 1995. Mutantes de *Escherichia coli* K-12 resistentes a análogos de treonina. **Biotechnol. Lett., 17:**567-70.

Cherest, H., Y. Surdin-Kerjan, J. Antoniewski e H. De Robichon-Szulmajster. 1973. Repressão mediada por S-adenosil metionina de enzimas biossintéticas de metionina em *Saccharomyces cerevisiae*. **J. Bacteriol, 115:**1084 - 93.

Chisti, Y. e M. Moo-Young. 1999. Biotecnologia: a ciência e o negócio. In: **Fermentation technology, bio processing, scale-up and manufacture**. V. Moses, R.E. Cape e D. G. Springham (Eds.), New York Harwood Academic Publishers, New York, pp. 177-222.

Cleveland, J., T. J. Montville, I. F. Nes e L. M. Chikindas. 2001. Bacteriocinas: antimicrobianos naturais e seguros para a conservação de alimentos. **Int. J. Food Microbiol, 71:** 1-20

Creighton, T. E. 1993. Aminoácidos. In: **Proteins: Structures and Molecular Properties (Proteínas: Estruturas e Propriedades Moleculares)**. W. H. Freeman and Company. Nova Iorque. pp. 78-86.

Cruickshank, R., J. P. Duguid, B. P. Marmion e R. H. A. Swain. 1975. In: **Medical microbiology**. 12ª ed., Churchill Livingstone publishers. Churchill Livingstone publishers. Nova Iorque. pp. 2228.

Dike, K. S e I. A. Ekwealor. 2012. Produção de L-metionina por *Bacillus cereus* isolado de diferentes ecovares de solo em Owerri. **Euro. J. Exp. Bio., 2:** 311-314.

El-Eraqy, N. Z. 1990. Infeção fúngica no trato genital feminino de búfalas. Tese de Mestrado (Microbiologia), Faculdade de Medicina Veterinária, Universidade do

Cairo. Med.,Cairo Univ.

Elotmani, F., A. M. Revol-Junelles, O. Assobhei e J. B. Milliere. 2002. Caracterização
de bacteriocinas   *anti-Listeriamonocytogenes* de

Estirpes de *Enterococcus faecalis*, *Enterococcus faecium* e *Lactococcus lactis*
isoladas de Raib, um leite fermentado tradicional marroquino. **Curr. Microbiol.
44:**10-17.

Fan, C., L. Chen e S. Zheng. 1988. Características da estirpe de alto rendimento de L-
lisina FMC8611. **Weishengwuxue Zazhi, 8:**11 - 7.

FAO/OMS. (1973). Relatório nutricional da FAO n.º 52. FAO/OMS, Roma e Jeneva.
pp.77.

Felsenstein, J., 1981. Árvores evolutivas a partir de sequências de ADN: uma
abordagem de máxima verosimilhança. **J. Mol. Evol., 17:** 368-376.

Finegold, S. M. e E. J. Baron. 1986. Técnicas microbianas. In: **Microbiologia de
diagnóstico**. 7th ed., C.V. Mosby company, Princetown. C.V. Mosby company,
Princetown. pp: 180-185.

Flavin, M. 1975. Compostos metabólicos de enxofre. In: Metabolic **pathways**.
Greenberg, D. M (Ed.), Academic Press. Nova Iorque. pp. 457-503.

Flavin, M. C., D. Klutecko e C. Slaughter. 1964. Succinic ester and amide of
homoserine: some spontaneous and enzymatic reactions. **Science, 143**:50-52.

Fong, C. V., G. R. Goldgraben, J. Konz, P. Walker e N. S. Zank. 1981. Processo de
condensação para a produção de L-metionina. In: **Riscos de fabrico de
produtos químicos orgânicos**. Goldfrab, A. S (Ed.). Ann Arbor Science
Publishers. Londres. p. 115 - 94.

Georgalaki, M. D., E. V. D. Berghe, D. Kritikos e B. Devreese. 2002. Macedocin, um
Lantibiótico de qualidade alimentar produzido por *Streptococcus macedonicus*
ACA-DC 198. Appl. Environ. Microbiol, **68:** 5891-5903.

Gerhardt, P., R. G. Murray, R. N. Costelow, E. W. Nexter, W. A. Wood, N. P. Kreig e G. B. Phelleps. 1981. Manual methods for general bacteriology. **American Society for Microbiology.** Washington. D.C. p. 400-450.

Ghosh, B. B. e A. K. Banerjee. 1986. Produção de metionina e ácido glutâmico a partir de alcanos por *Serratia marcescens*. **Folia Microbiol, 31:**106-12.

Greene, R. C. 1996. Biossíntese da metionina. In: ***Escherichia coli* e *Salmonella*: Cellular and molecular biology.** Neidhart, F.C. (Ed.), Sociedade Americana de Microbiologia, Washington. D.C. p. 542 - 560.

Greenstein , J. P., M. Wintz. 1961. Methionine. In: **Chemistry of the amino acid.** John Wiley and Sons, Londres. pp. 2125 - 2155.

Hakim, A. S., S. Azza, M. Abuelnaga e M. H. Rasha. 2013. Isolamento, identificação bioquímica e deteção molecular de leveduras de queijo kareish. **Intl. J. Microbiol. Res., 4:** 95-100.

Harigan, W. F. e M. E. Mc Cance. 1966. Identificação de leveduras e fungos. In: **Laboratory methods in microbiology,** Academic Press, Londres. p. 362-368.

Heiland P.C., Hill F.F. Acumulação de S-adenosil homocisteína e S-aderocil metionina por um mutante resistente à etionina da levedura de padeiro. **Process biochem, 28:**171-177.

Hermann, T. 2003. Produção industrial de aminoácidos por bactérias Coryneformes. **J. Biotechnol, 104:**155-172.

Herrmann, K. M. e R. L. Somerville. 1983. Proteins. In: **Amino acids biosynthesis and genetic regulation.** Publicações Addison-Wesley, Nova Iorque. pp. 147-244.

Hwang, B., J. Y. Kim, H. B. Kim e H. J. Hwang. 1999. Análise da via biossintética da metionina de Corynebacterium glutamicum: isolamento e análise de metB que codifica a cistationina sintase. **Mol. Cell, 9:**300-308.

Indira Gandhi, P., R. Anandham, K. Kim, M. Madhaiyan e T. Sa. 2008. Caracterização de características promotoras do crescimento de plantas de bactérias isoladas de vísceras larvais da traça-das-crucíferas *Plutella xylostella* (Lepidoptera: *Plutellidae*). **Curr. Microbiol., 56:** 327-333.

Jetten, M. S. M e A. J. Sinskey.1995. Recent advances in the physiology and genetics of amino-acid producing bacteria. **Crit. Rev. Biotechnol.**, **15**:73-103.

Kalmokoff, M. L., S. K. Banerjee, T. Cyr, M. A. Hefford e T. Gleeson. 2001. Identificação de uma nova bacteriocina *sec-dependente* codificada por plasmídeo produzida por *Listeria innocua* 743. **Appl. Environ. Microbiol., 67:** 4041 - 4047.

Kase, H. e K. Nakayama.1975. Produção de L-metionina por mutantes resistentes a análogos de metionina de *Corynebacterium glutamicum*. **Agric. Biol. Chem., 39:**153-160.

Keshavarz, K. 2003. Effects of reducing dietary protein, methionine, choline folic acid and vita-min B_{12} during the late stages of the egg production cycle on performance and eggshell quality. **Poultry Sci., 82:** 1407-1414.

Kinoshita, S. 1985. Aminocidas em micróbios. In: **Bactérias do ácido glutâmico**. Demain, A. L. e N. A. Solomon, (Eds.), The Benzamin Cummings Publishing, Londres. pp. 115-142.

Kircher, M. e W. Pfefferle. 2001. A produção fermentativa de L-lisina como aditivo para a alimentação animal. **Chemospher, 43:**27-31.

Kitamoto, H. K. e T. Nakahara. 1994. Isolamento de um mutante enriquecido com L-metionina de *Kluyveromyces lactis* cultivado em permeado de soro de leite. **Proc. Biochem, 29:**127-131.

Klaenhammer, T. R. 1993. Genetics of bacteriocins produced by lactic acid bacteria. **FEMS Microbiol. Rev., 12:** 39-86.

Komatsu, K., T. Yamada e R. Kodaira. 1974. Isolamento e características de mutantes ricos em metionina de uma *Candida* sp. **J. Ferment. Bioeng., 52:**93-99.

Koneko,T., Izumi, Y., Chibata, I. e Itoh, T. 1974. Synthetic production and utilization of aminoacids, John wiley, New York.

Krukowski, H., M. T. Tietze, M. Majewski e H. Werner. 2001. Levantamento da mastite por leveduras em vacas leiteiras Lipase em rebanhos de pequenas explorações na Polónia. **Mycopathol, 150:** 5-7.

Kumar, D. e J. Gomes. 2005. Produção de metionina por fermentação. **Biotech. Adv., 23:** 41-61.

Kumar, D., V. S. Bisaria , T. R. Sreekrishan e J. Gomes. 2003. Produção de metionina por um mutante resistente a múltiplos análogos de *Corynebacterium lilium*. **Process Biochem, 38:**1165-1171.

Kumar, D., V. S. Bisaria , T. R. Sreekrishan e J. Gomes. 2003. Produção de metionina por um mutante resistente a múltiplos análogos de *Corynebacterium lilium*. **Process Biochem, 38:**1165-1171.

LeMarrec, C., B. Hyronimus, P. Bressollier, B. Verneuil e M. C. Urdaci. 2000. Caracterização bioquímica e genética da coagulina, uma nova bacteriocina antilisterial da família pediocina de bacteriocinas, produzida por *Bacillus coagulans* I4. **Appl. Environ. Microbiol. 66:** 5213 - 4220.

Leuchtenberg, W. 1996. Aminoácidos - produção e utilizações técnicas. **Biotechnol. Lett., 6:**492.

Li, L. M., H. Diao, X. L. Ding, K. Qian e Z. J. Yin. 2011. Efeito da metionina e da lisina servidas como únicas fontes de carbono no nível de aminoácidos livres e na atividade da transaminase na incubação *in vitro* de microrganismos. **J. animal Vet. Adv., 10:**1588-1591.

Malumbres , M e J. F. Martin. 1996. Mecanismos de controlo molecular da biossíntese de lisina e treonina em Corynebacteria produtoras de aminoácidos: redireccionamento do fluxo de carbono. **FEMS Microbiol Lett., 143:**103-114.

Mannsfeld, S. P., A. Pfeiffer , H. Tanner e E. Liebertanz. 1978. Processo contínuo para o fabrico de metionina. Patente americana n.º 04069251.

May, O., P. T. Nguyen e F. H. Arnold. 2000. Inversão da seletividade enantio por evolução dirigida da hidantoinase para uma melhor produção de L-metionina. **Nature, 18:** 317 - 320.

Metzenberg, R. L., M. S. Kappy e J. W. Parson .1964. Mutações irreparáveis e resistência à etionina em Neurospora. **Science, 145:**1434.

Mondal, S. e S. P. Chatterjee. 1994. Aumento da produção de metionina por mutantes resistentes a análogos de metionina de *Brevibacterium heali*. **Ata. Biotechnol, 14:**199 - 204.

Morinaga ,Y., Y. Tani e H. Yamada. 1982. Produção de L-metionina por mutante resistente à etionina de metilotrófico facultativo, *Pseudomonas* FM 518. **Agric. Biol. Chem., 46:**473-480.

Morinaga, Y., Y. Tani e H. Yamada. 1996. Biossíntese de homocisteína em metilotrófico facultativo, *Pseudomonas* FM 518. **Agric. Biol. Chem., 47:** 2855-2860.

Morzycka, E., D. Sawnor-Korszynska, A. Paszewski, J. Grabski e K. Raczynska-Bojanowska. 1976. Sobreprodução de metionina por *Saccharomyces lipolytica*. **Appl. Environ. Microbiol, 32:**125 - 130.

Mueller, H. J. 1922. Um novo aminoácido contendo enxofre isolado da caseína. **Exp. Boil. Med., 19:**161-163.

Mukherjee, P. K., K. R. Seshan, S. D. Leidich e Y. Sugiyama, 2003. Reintrodução do gene PLB1 em Candida Molecular cloning of a second phospholipase B, albicans restores virulence *in vivo*. **Med. Mycol., 147:** 25852597.

Nakamori, S., T. Kobayashi, H. Nishimura e H. Takagi. 1999. Mecanismo de superprodução de L-metionina por *Escherichia coli*: a substituição de Ser-54 por Asn na proteína MetJ causa a desrepressão de enzimas biossintéticas de L-metionina. **Appl. Microbiol. Biotechnol., 52:**179-185.

Nakayama, K., K. Araki e H. Kase.1978. Produção microbiana de aminoácidos essenciais com mutantes de *Corynebacterium glutamicum*. **Adv. Exp. Med. Biol., 105:**649-661.

Neuvonen, P. J, O. Tokola, M. L. Toivonen e O. Simell. 1985. Metionina em comprimidos de paracetamol, uma ferramenta para reduzir a toxicidade do paracetamol. **Int. J. Clin. Pharmacol. Ther. Toxicol., 23:**497- 500.

Noftsger, S. e N. R. St Pierre. 2003. Suplementação de metionina e seleção de proteínas não degradáveis no rúmen altamente digeríveis para melhorar a eficiência do azoto na produção de leite. **J. Dairy Sci., 86:** 958-969.

Nwachukwu, R. E. S. e I. A. Ekwealor. 2009. Espécies de *Streptomyces* produtoras de metionina isoladas do solo do sul da Nigéria. **Afr. J. Microbiol. Res., 3:** 478481.

Odunfa, S. A., S. A. Adeniran , O. D. Teniola e J. Nordstorm. 2001. Avaliação da produção de lisina e metionina em alguns *Lactobacilos* e leveduras de Ogi. **Int. J. Food Microbiol, 63:**159 - 63.

Okamoto, K. e M. Ikeda. 2000. Desenvolvimento de um processo industrialmente estável para a fermentação de L-treonina por um mutante auxotrófico de metionina de *Escherichia coli*. **J. Biosci. Bioeng., 89:**87-89.

Ozaki, H. e I. Shiio. 1982. Biossíntese de metionina em *Brevibacterium flavum*:

propriedades e papel essencial da *Oacetilhomoserina tiolase*. **J. Biochem, 91:**1163 - 71.

Ozulu, U. S., O. U. Nwanah1, C. C. Ekwealor1, S. K. Dike, C. L. Nwikpo1 e I. A. Ekwealor. 2012. Uma Nova Abordagem para o Rastreio de Bactérias Produtoras de Metionina. **British Microbiol. Res. J., 2:** 36-39.

Parcell, S. Sulfur in human nutrition and applications in medicine (Enxofre na nutrição humana e aplicações na medicina). 2002. **Altern. Med. Rev., 7:**22- 44.

Patte, J. C. e G. L. Bros. 1967. Regulação da síntese da terceira aspartoquinase e da segunda homoserina desidrogenase em *Escherichia coli* K-12. **Biochem. Biophys. Ata, 136:** 245 - 257.

Pham, C.B, Galvzez, F.C.F, Padolina, W.G. 1992. Produção de metionina por fermentação descontínua a partir de vários hidratos de carbono. **ASEAN Food J., 7:** 34-37.

Puttalingamma, V. 2013. Nisina - um péptido antimicrobiano e as suas aplicações na indústria alimentar: Uma revisão. **Int. J. of Inn. Dis., 3:** 23-33.

Richmond, V. L. 1986. Incorporação de metilsulfonilmetano em proteínas do soro de cobaia. **Life Sci., 39:**263-268.

Rose, W. C. 1938. The nutritive significance of the amino acids. **Physiol. Rev., 18:**109-136.

Rowbury, R. J. e D. D Woods. 1965. Repressão pela metionina da formação de cistationina em *coli*. **J. Gen. Microbiol, 36:**145-148.

Rowbury, R. J. 1964. The accumulation of O-Succinylhomoserine by *Escherichia coli* and *Salmonella typhimurium*, **J. Gen. Microbiol. 37:** 171-180.

Roy, S. K., A. K. Mishra e G. Nanda. 1984. Produção extracelular de L-metionina. **Curr. Sci., 53:**1296-1297.

Ruckert, C., A. Puhler e J. Kalinowski. 2003. Análise de todo o genoma da via biossintética da L-metionina *em Corynebacterium glutamicum* por eliminação de genes específicos e complementação homóloga. **J. Biotechnol, 104:**213228.

Sabitha, R, S. Abinaya, N. K. Sakle, M. K. Raja. 2012. Isolamento de espécies de *Streptomyces* produtoras de metionina do solo do sul da Índia. **Inter. J. Nov. Tds., 2:** 16-19.

Sahm, H., L. Eggleling, B. Eikmanns e R. Kramer. 1995. Desenho metabólico na bactéria produtora de aminoácidos *Corynebacterium glutamicum*. **FEMS Microbiol. Rev.,** 16:243- 52.

Sahyun, M. 1949. Methionine. **Am. J. Dig. Dis., 16:**248-257.

Saitou, N. e M. Nei. 1987. The neighbor-joining method: a new method for reconstructing phylogenetic trees. **Mol. Biol. Evol., 4:** 406-425.

Schlenk, F., Hannum, C. H e A. J. Ferro. 1978. Biossíntese de Adenosil-D-metionina e Adeno-sil-2-metilmetionina por *Candida utilis*. **Arch. Biochem. Biophy, 187:** 191-196.

Seeley, H. W. e P. J. Van Demark. 1987. Microbes in Action. In: **A laboratory manual of microbiology.** 3ª ed. W.H. Freeman and Company, São Francisco. pp.173-189.

Shakoori, F. R., A. M. Butt, N. M. Ali, M. T. Zahid e A. Rehman. 2012. Otimização dos meios de fermentação para uma melhor produção de aminoácidos por bactérias isoladas de fontes naturais. **Pak. J. Zool, 44:** 1145-1157.

Sharma, N. e N. Gautham. 2008. Atividade antimicrobiana e caraterização da bacteriocina de *Bacillus mycoides* isolada do soro de leite. **Indian J. Biotech, 34:** 117-121.

Sharma, S. e J. Gomes. 2001. Efeito do oxigénio dissolvido na produção contínua de metionina. **Chem. Eng. Technol., 1:** 69-73.

Shin, M. S., S. K. Han, J. S. Ryu, K. S. Kim e W. K. Lee. 2008. Isolamento e caraterização parcial de uma bacteriocina produzida por *Pediococcus pentosaceus* K23-2 isolada de Kimchi. **J. Appl. Microbiol, 105:** 331 - 339.

Stadtman, E. R., B. G. Le, S. H. De Robichon. 1961. Inibição e repressão por feedback da atividade da aspartoquinase em *Escherichia coli* e *Saccharomyces cerevisiae*. **J. Biol. Chem ., 236:** 2033-2038.

Stehr, R. 1996. Otimização das condições para a obtenção de L-Metionina a partir de etil-hidantoína por *Arthrobacter* sp. DSM 7330. **J. Gen. Appl. Microbiol, 5:**103-117.

Tabor, H., S. M. Rosenthal e C. W. Tabor. 1958. Biosíntese de espermidina e espermina a partir de putrescina e metionina. **J. Biol. Chem., 233:**907- 917.

Tagg, J. R. e A. R. McGiven . 1971. Sistema de ensaio para bacteriocinas. **Appl. Microbiol. Biotechnol., 21:** 943.

Tani, Y., W. J. Lim e H. C.Yang. 1988. Isolamento de mutantes enriquecidos com L-metionina de uma levedura metilotrófica, *Candida boidinii* No 2201. **J. Ferment. Technol., 66:**153 - 8.

Thompson, A., C. Barry, M. Jarvis, J. Vrebalov, J. Giovannoni, D. Grierson e G. Seymour. 1999. Molecular and genetic characterization of a novel pleiotropic tomato-ripening mutant. **Plant Physiol,** 120: 383-389.

Tokuyama, S., K. Erikson e J. P. Wartburg. 1996. Sobreexpressão de Hatano do gene para N-acilaminoácido racemase de Amycolatopsis sp TS-1-60 em *Escherichia coli* e produção contínua de metionina opticamente ativa por um bioreactor. **Appl. Microbiol. Biotechnol, 44:**774 - 777.

Tosa, T., T. Mori, N. Fuse e I. Chibata.1967. Estudos sobre reacções enzimáticas contínuas para preparação de uma coluna DEAE-sephadexaminoacylase e resolução ótica contínua de acil-DL-aminoácidos. **Biotechnol. Bioeng., 9:** 603 -8.

Umbarger, H. E. 1969. Regulação do metabolismo dos aminoácidos. **Annu. Rev. Biochem, 38:**323- 49.

Venkatanarayana, A., A. Vamsi Priya , R. V. Nadh e A. V. N. Swami. 2013. Produção de metionina por bactérias coryneformes através da fermentação. **Res. J. Pharma. Biol. Chem. Sci., 4:** 1489-1498.

Voelkel, D. 1993. Produção de microrganismos produtores de L-metionina. **Biotechnol. Lett., 12:**56.

Ward, O. P. 1989. Matérias-primas para fermentação. In: **Fermentation Biotechnology: principles, processes and products**. Publicações Prentice

Hall, Nova Iorque. pp. 59-71.

Weisberg,W. G., S. M. Barns, D. A. Pelleter e D. J. Lane. 1991. Amplificação do ADN ribossómico 16S para estudo filogenético. **J. Bacteriol., 173:** 697-703.

Weissbach, H. e N. Brot. 1991. Regulação da síntese de metionina em *Escherichia coli*. **Mol Microbiol, 5:**1593 - 7.

Wijesundra, S. e D. D Woods. 1962. The catabolism of cystathionine by *Escherichia coli*. **J. Gen. Microbiol, 29:**353.

Yamada, H., Y. Morinaga e Y. Tani.1982. Sobreprodução de L-metionina por mutantes resistentes à etionina da estirpe obrigatória metilotrófica Om 33. **Agric. Biol. Chem.,46:** 47-55.

Yamada, K. 1972. The microbial production of aminoacids, kodansha and wiley.

Yugari ,Y. e C. Gilvarg. 1962. Inibição coordenada de produtos finais na síntese de lisina em Escherichia coli. **Biochem. Biophys. Ata, 62:**612-614.

More
Books!

info@omniscriptum.com
www.omniscriptum.com
OMNIScriptum

Printed by Books on Demand GmbH, Norderstedt / Germany